docomo
au
SoftBank
SIMフリー

Google Pixel 7a スマートガイド

グーグルピクセルセブンエー

技術評論社編集部 著

技術評論社

CONTENTS

Chapter 1

Google Pixel の基本技

Chapter 2

Web と Google アカウントの便利技

Chapter 3

写真や動画、音楽の便利技

CONTENTS

Chapter 4
Google のサービスやアプリの便利技

Chapter 5

Pixel をさらに使いこなす活用技

ご注意：ご購入・ご利用の前に必ずお読みください

- 本書に記載した内容は、情報の提供のみを目的としています。したがって、本書を用いた運用は、必ずお客様自身の責任と判断によって行ってください。これらの情報の運用の結果について、技術評論社および著者、アプリの開発者はいかなる責任も負いません。
- 本書は、Google Pixel 7aを用いて、Android 13の初期設定状態で動作を確認しています。ご利用時には、一部の説明や画面が異なることがあります。特に、旧バージョンからAndroid 13にアップデートした場合や、ほかのスマホからデータをコピーした場合は、以前の設定が引き継がれるので、初期設定状態とは異なります。
- 本書はダークモードをオフにした画面で解説しています。ダークモードについてはP.29を参照してください。
- ソフトウェアに関する記述は、特に断りのない限り、2023年6月現在での最新バージョンをもとにしています。ソフトウェアはバージョンアップされる場合があり、本書での説明とは機能内容や画面図などが異なってしまうこともあり得ます。あらかじめご了承ください。
- インターネットの情報については、URLや画面などが変更されている可能性があります。ご注意ください。

以上の注意事項をご承諾いただいたうえで、本書をご利用願います。これらの注意事項をお読みいただかずに、お問い合わせいただいても、技術評論社は対処しかねます。あらかじめ、ご了承ください。

Google Pixelの
基本技

OS • Hardware

Google Pixelについて

Pixelは、Android OSを開発しているGoogle社が販売しているスマートフォンです。ソフトウェアの提供元がハードウェアを開発しているので、双方の親和性が高いのが特徴です。最新のAIテクノロジーを利用したさまざまなGoogleサービスを、他社のスマートフォンに先駆けて利用することができます。

2023年5月に発売されたPixel 7aには、Google社が開発したチップ「Tensor」の2代目である「Tensor G2」が搭載されています。Tensorシリーズは機械学習に特化していて、これまでオンラインのサーバーで行っていたAI処理を、オフラインのPixel単体で行うことができます。特に、音声認識、言語翻訳、画像処理にその効力を発揮します。

Android OSの最新バージョン「13」は、ユーザーの利用状況や環境を分析して、常に最適な設定や情報をアダプティブに提供します。また、Pixelと一体であるGoogleサービスの利用状況もより把握しやすくなっています。

Pixel 7aの仕様とPixel 6aとの比較

	Pixel 7a	Pixel 6a
OS	Android 13	Android 12→13
ディスプレイ	6.1インチ、90Hz、FHD+	6.1インチ、60Hz、FHD+
重量	193.5g	178g
プロセッサ	Google Tensor G2	Google Tensor
メモリ	8GB	6GB
ストレージ	128GB	128GB
充電	18W	18W
ワイヤレス充電	10W	非対応
バッテリー容量	4385mAh	4410mAh
背面カメラ	64MP+13MP、デュアル	12.2MP+12MP デュアル
前面カメラ	13MP	8MP
生体認証	指紋認証、顔認証	指紋認証
防水/防塵	IPX7 / IP6X	IPX7 / IP6X
5G通信	Sub6	Sub6
Wi-Fi	Wi-Fi 6E	Wi-Fi 6E

Section 002

ホーム画面

OS • Hardware

ホーム画面は、アプリや機能などにアクセスしやすいように、ウイジェットやステータスバー、ドックなどで構成されています。まずはホーム画面の各部を確認しておきましょう。

ステータスバー
通知アイコンやステータスアイコンが表示されます（Sec.006参照）。

スナップショット
日付と天気情報のほかに、予定などを表示するウィジェットです。このウィジェットは固定されています（Sec.016参照）。

スクリーン
アプリアイコンやフォルダ、ウィジェットなどを配置することができます（Sec.010、015参照）。

ドック
アプリの候補を表示することができます（Sec.011参照）。

Google検索ウィジェット
キーワードを入力することで、Google検索をすばやく行うことができるウィジェットです。このウィジェットは固定されています（Sec.017参照）。

1

Section 003

OS • Hardware

ロック画面とスリープ状態

Pixelの起動中に電源ボタンを押すと、画面が消灯して5秒後にスリープ状態になります。スリープ状態で電源ボタンを押すと、ロック画面になります。
ロック画面で、生体認証やPINの入力など、ロック解除の操作（Sec.141、143参照）を行うと起動します。

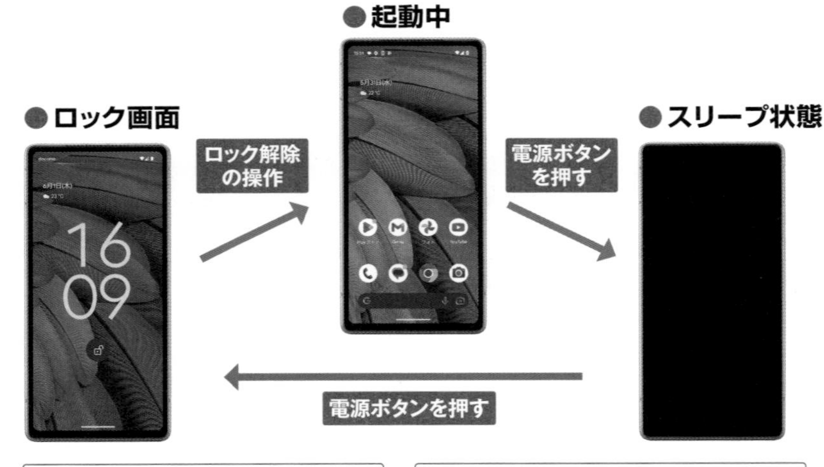

ロック画面には、時刻、スナップショット、通知が表示されます。通知がないときには時刻の文字が大きく表示されます。プライベートな通知を非表示にしたり、すべての通知を非表示にすることもできます（Sec.132参照）。

スリープ状態では画面が消灯していますが、画面をタップしたり、本体を持ち上げたりすると、時刻や通知を確認することができます。スリープ状態の黒い画面に、常に時刻や通知を表示することもできますが、バッテリーの消費が多くなります（Sec.133参照）。

MEMO 画面が消灯するまでの時間を設定する

Pixelを操作せずに指定した時間が経過すると、自動的に画面が消灯してスリープ状態に移行します。「設定」アプリを開いて［ディスプレイ］→［画面消灯］の順にタップし、15秒～30分の時間を選択します。

OS • Hardware

Pixelの基本操作

Android 10以降では、従来のAndroidにあった画面下部のナビゲーションボタンがなくなり、基本操作がジェスチャーに変わりました。“ホームに戻る”、“戻る／閉じる”、“アプリの履歴を見る” などの操作は画面のスワイプで行います。

●ホームに戻る

アプリを開いた状態で、画面下部から上にスワイプすると、アプリが閉じてホーム画面に戻ります。

●戻る／閉じる

左または右の画面端から中心に向かってスワイプすると、直前の画面に戻ったり、開いていたアプリが閉じたりします。たとえば、Chromeでは、この操作で前のページに戻ります。

●アプリを切り替える

画面下部を左右にスワイプすると、最近使ったアプリに次々に切り替わります。開いているアプリの確認や、アプリを終了する操作は、Sec.013を参照。

MEMO ナビゲーションボタンを表示する

「設定」アプリを開き、[システム] → [ジェスチャー] → [システムナビゲーション] の順にタップし、[3ボタンナビゲーション] をオンにすると、従来のナビゲーションボタンを使うことができます。

OS • Hardware

電源ボタン／音量ボタンの操作

ホーム画面やアプリを表示した状態で電源ボタンを押すと、画面が消灯して5秒後にスリープ状態になります。電源を切る、再起動などの操作は電源メニューを表示して行います。

電源を切る

電源ボタンと音量ボタンの上を長押しして、電源メニューの［電源を切る］をタップします。

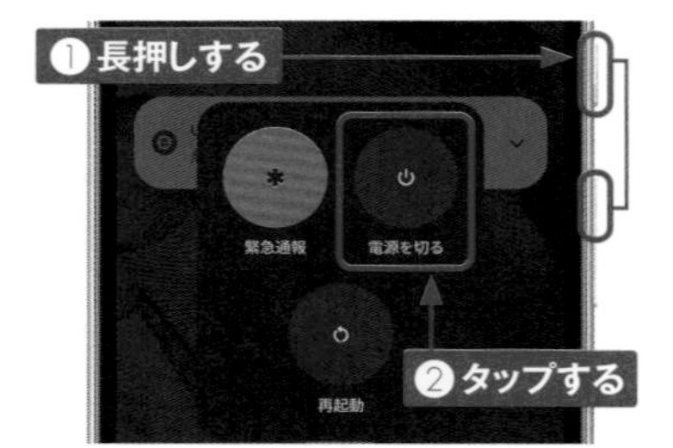

［緊急通報］
→次の画面から、ワンタップで警察や消防に発信できます。
［再起動］
→Pixelを再起動します。

MEMO ロックダウン

顔認証や指紋認証を設定している場合は、上記画面に「ロックダウン」が表示されます。これをタップすると、顔認証、指紋認証が機能しなくなり、PINもしくはパスワードを入力刷る必要があります。

音量ボタンの操作

1 音量ボタンを押すと、音量のスライダーが表示されます。 ⋯ をタップします。

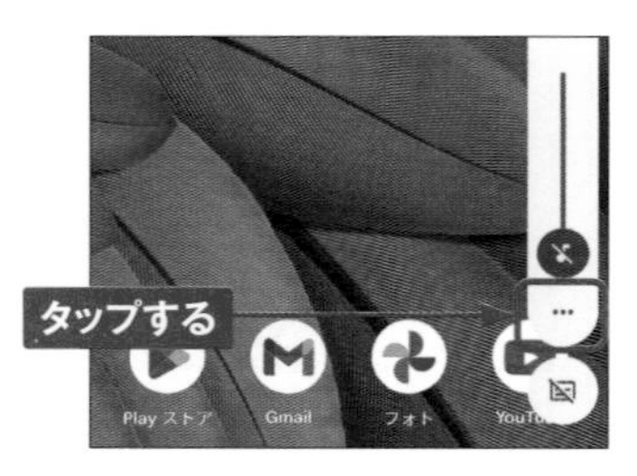

2 画面下部にメニューが表示されて、メディア、通話、着信音と通知、アラームの音量を調節することができます。［詳細］をタップすると「設定」アプリが開き、音やバイブレーションに関する設定を行うことができます。

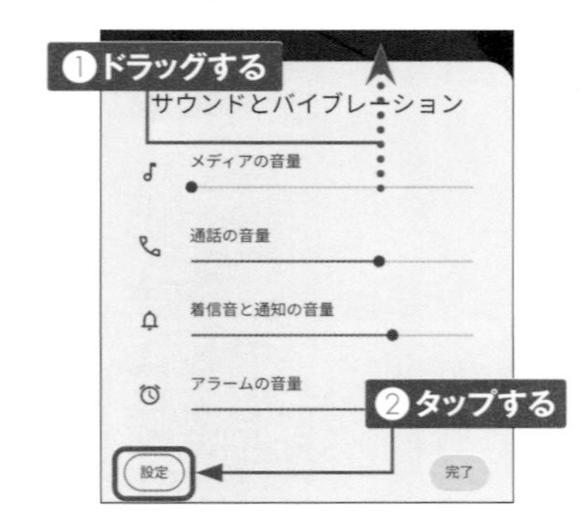

G 電源ボタンの操作

●Googleアシスタントを起動する

電源ボタンを長押しすると、Googleアシスタントが起動します。P.18手順3の画面で、［電源ボタンを長押し］をオフにすると、電源メニューが表示されるようになります。

●カメラを起動する

電源ボタンをすばやく2回押すとカメラが起動します。

●緊急SOS

電源ボタンをすばやく5回以上押すと、緊急SOSモード（P.184参照）になります。サイレンによる警鐘、110番通報、緊急連絡先への位置情報共有、動画の自動撮影が同時に行われます。

※即座に110番通報されるので試しに操作しないでください。

●スクリーンショットを撮る

電源ボタンと音量ボタンの下を同時に押すと、画面のスクリーンショットを撮ることができます（Sec.028参照）。

Section 006

OS • Hardware

情報を確認する

画面上部に表示されるステータスバーから、さまざまな情報を確認することができます。ここでは、通知される表示の確認方法や、通知アイコンの種類を紹介します。

ステータスバーの見方

不在着信や新着メール、実行中の作業などを通知するアイコンです。

電波状態やバッテリー残量、マナーモード設定など、Pixelの状態を表すアイコンです。

主な通知アイコン	
	不在着信あり
	新着メッセージあり
	新着Gmailあり
	Google Nowからの通知あり
	Google Playからアップデートなどの通知あり
	データを受信／ダウンロード
	アプリのインストール完了
31	予定の表示
	ロケーション履歴が有効

主なステータスアイコン	
4G	モバイルネットワーク（4G）接続中
5G	モバイルネットワーク（5G）接続中
	電波状態
	Wi-Fiネットワーク接続中
	Bluetooth接続中
	電池残量
	充電中
	位置情報使用中

ステータスアイコンの項目の一部は、クイック設定に表示されます。

通知を確認する

1 通知を確認したいときは、画面を下方向にスワイプします。

2 通知パネルが表示されます。通知（ここでは「メッセージ」アプリの通知）をタップします。

3 「メッセージ」アプリが開いて、メッセージを確認することができます。

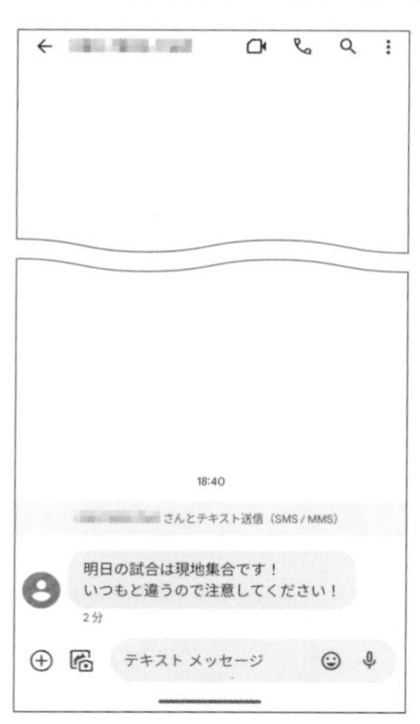

MEMO 通知を削除する

手順2の画面で通知を左右にフリックすると個別に削除でき、[すべて消去] をタップするとまとめて削除できます。画面を上方向にスワイプすると、通知パネルが閉じます。

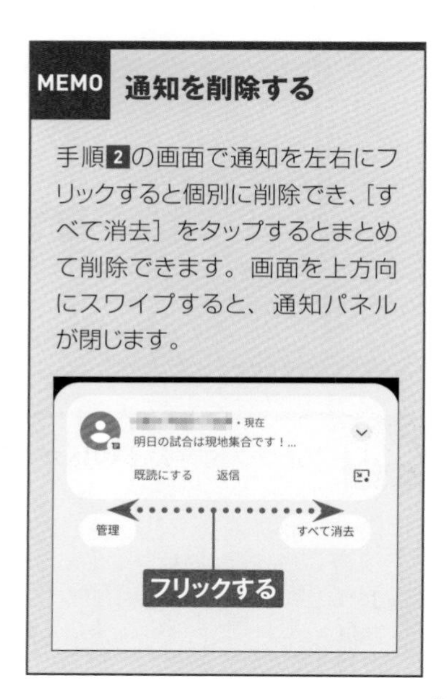

Section 007

OS • Hardware

クイック設定を利用する

クイック設定をタップしてPixelの主要な機能のオン／オフを切り替えたり、設定を変更したりすることができます。「設定」アプリよりもすばやく使うことができる上に、オン／オフの状態をひと目で確認することができます。クイック設定は、ロック画面からも表示可能です。

G クイック設定を表示する

1 画面を下方向位にスワイプすると、クイック設定が開き、タイルが4個表示されます。タイルをタップすると、機能のオン／オフを切り替えることができます。

18:45 6月1日(木) 16:00 まで
インターネ‥
Bluetooth
サイレント モ‥
ライト
タイル
スワイプする
通知はありません

2 さらに画面を下方向にスワイプすると、クイック設定の表示エリアが拡大して、タイルが8個表示されます。画面を2回上にスワイプすると、クイック設定が閉じます。

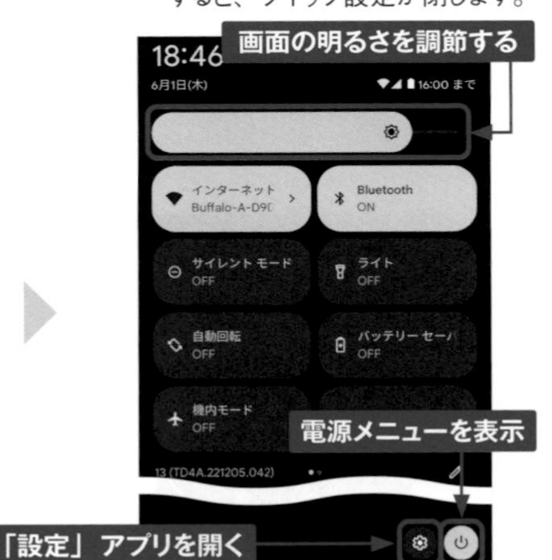

MEMO クイック設定のそのほかの機能

クイック設定に配置されているタイルを長押しすると、「設定」アプリの該当項目が表示されて、詳細な設定を行うことができます。手順2の画面で、右下の⚙をタップすると、「設定」アプリを開くことができます。また、画面上部のスライダーを左右にドラッグすると、画面の明るさを調節することができます。

G クイック設定を編集する

クイック設定のタイルは編集して並び替えることができます。よく使う機能のタイルを上位に配置して使いやすくしましょう。また、非表示になっているタイルを追加したり、あまり使わないタイルを非表示にすることもできます。

1 P.16手順**2**の画面を左にスワイプします。

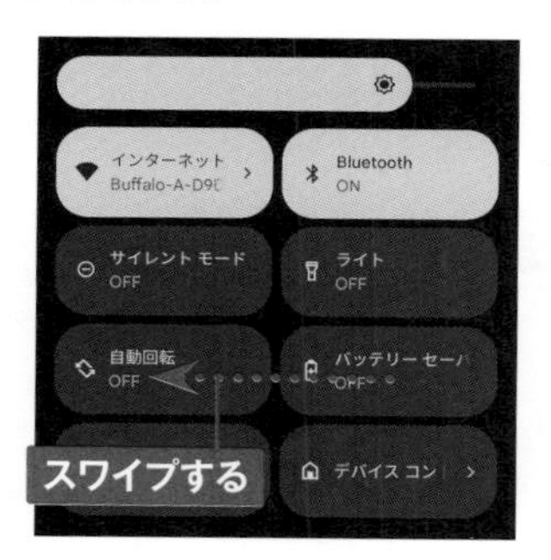

2 次のページに移動してほかのタイルが表示されます。✎をタップすると、編集モードになります。

3 編集モード中にタイルを長押ししてドラッグすると、並び替えることができます。

4 画面の下部には非表示のタイルがあります。タイルを長押しして上部にドラッグすると、クイック設定に追加することができます。

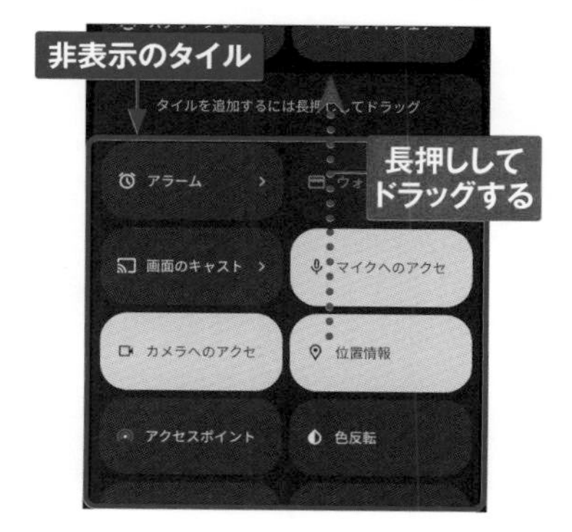

MEMO タイルの配置を元に戻す

編集モードで、右上の⋮→［リセット］をタップすると、タイルの配置を初期状態に戻すことができます。

Section 008

OS • Hardware

ジェスチャーで操作する

Pixelには、画面のタッチ操作以外に、本体を触れて操作するジェスチャーが用意されています。背面を2回タップして操作を行うクイックタップ、手首を2回ひねってカメラを前面に切り替える、画面を下に伏せてサイレントモードにするなどのジェスチャーが用意されています。

1

1 P.23を参考にすべてのアプリ画面を表示し、[設定] → [システム] の順にタップします。

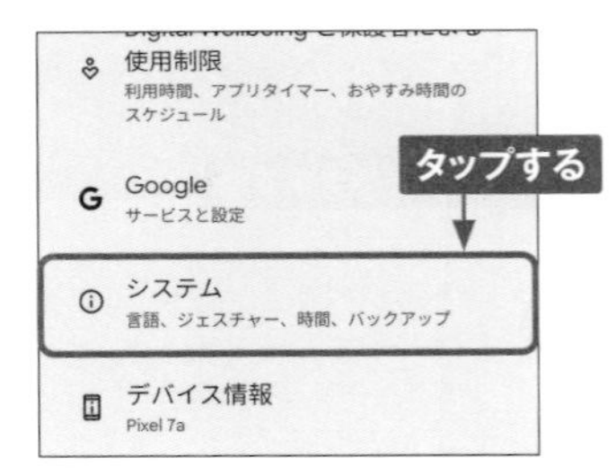

2 [ジェスチャー] をタップします。

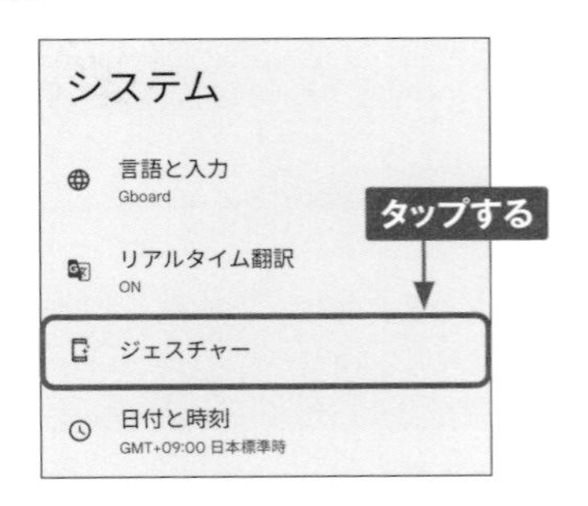

3 有効にしたいジェスチャー（ここでは [クイックタップでアクションを開始]）をタップします。

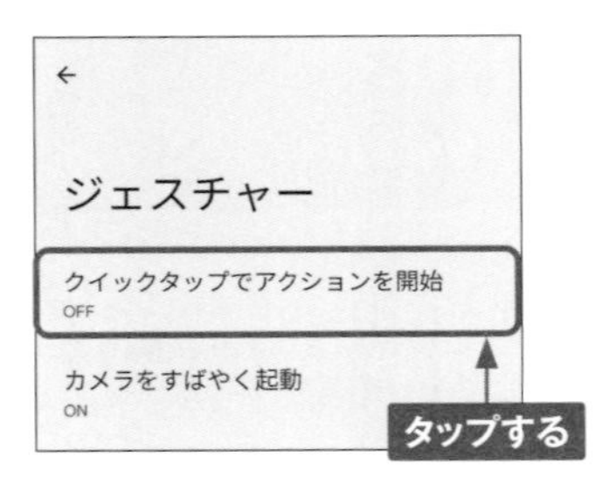

4 [クイックタップの使用] をタップしてオンにし、実行するアクションを選びます。

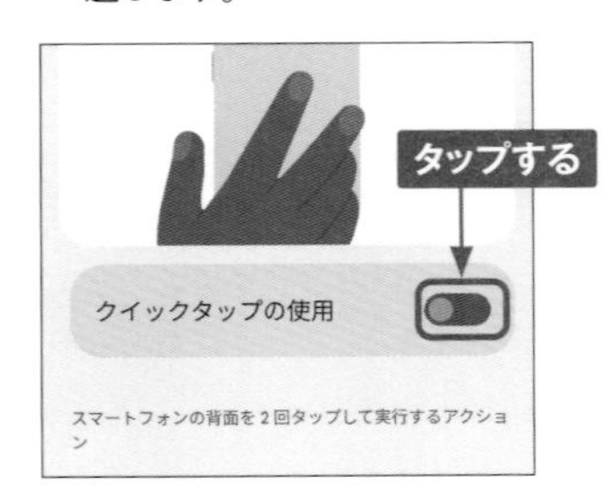

MEMO 片手モード

手順**3**の画面で [片手モード] をオンにすると、画面全体が下がって表示されます。画面上部の表示に親指が届いて、片手で操作しやすくなります。

Section 009

OS • Hardware

アプリアイコンを操作する

アプリアイコンのメニューを使うと、関連機能をすばやく操作することができます。メニューはアプリによって異なります。たとえばChromeでは、新しいタブやシークレットタブを開くことができ、「電話」アプリでは、よく使う連絡先をすばやく開いたり、新しい連絡先を追加したりすることができます。

1 メニューを表示したいアプリアイコンを長押しします。

2 メニューが表示されたら、操作候補をタップします。なお、[⌛]をタップするとアプリを一時停止することができ、[ⓘ]をタップするとアプリ情報が表示されます。

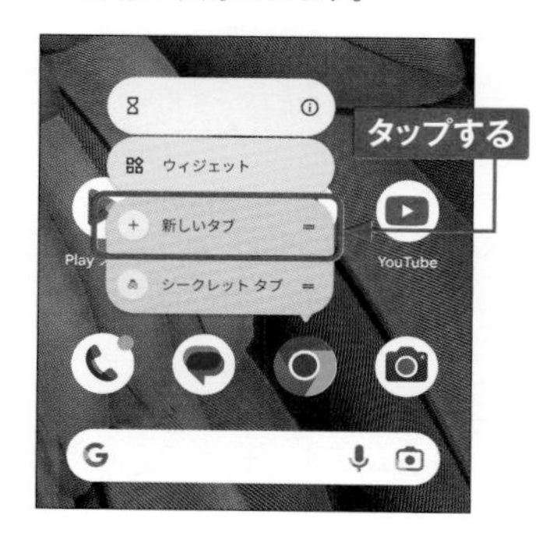

3 手順**2**でタップした操作が実行されます。

TIPS 通知ドットの表示を設定する

アプリに通知があると、手順**1**の「Gmail」アプリのように、アプリアイコンの右上に通知ドットが表示されます。通知ドットを非表示にするには、ホーム画面を長押しして、[ホームの設定]→[通知ドット]をタップしてオフにします。

Section 010

OS • Hardware

アプリアイコンを整理する

標準でインストールされているアプリのアイコンは、ホーム画面に表示されていません。「すべてのアプリ」画面からアイコンをホーム画面に表示することができます。また、アイコンをホーム画面の右端にドラッグすると、ホーム画面のページを増やすことができます。

アプリアイコンをホーム画面に追加する

1 P.23を参考に「すべてのアプリ」画面を表示します。ホーム画面に追加したいアプリアイコンを長押しし、画面上部までドラッグします。

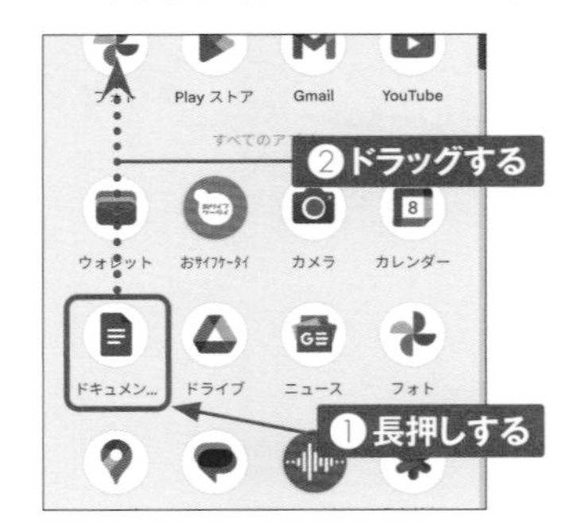

2 ホーム画面に切り替わったら、そのまま追加したい場所までドラッグします。

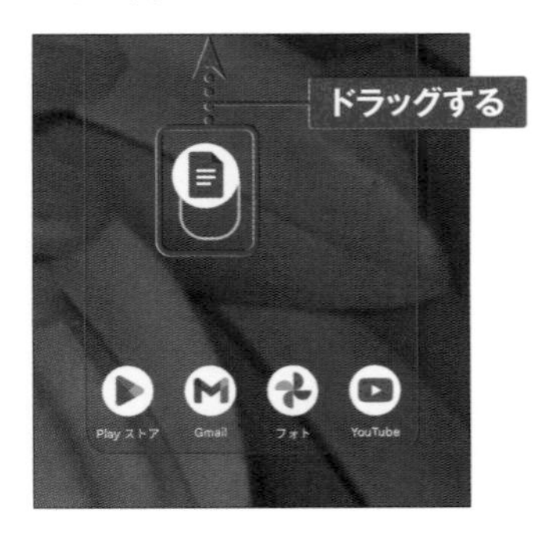

3 ホーム画面にアプリアイコンが追加されます。

MEMO アイコンを削除する／アプリをアンインストールする

アプリアイコンをホーム画面から削除するには、アイコンを長押しして画面上部の[削除]までドラッグします。[アンインストール]までドラッグすると、アプリがアンインストールされます。

アプリアイコンをフォルダにまとめる

1 ホーム画面でアプリアイコンを長押しし、フォルダにまとめたい別のアプリアイコンまでドラッグします。

2 フォルダが作成されます。フォルダをタップします。

3 フォルダが開きます。フォルダ名を設定するには、[名前の編集]をタップします。

4 フォルダ名を入力します。

TIPS ショートカットを追加する

ホーム画面には、「連絡帳」アプリの連絡先や、Chromeのブックマークなどのショートカットをウィジェットとして追加することもできます。連絡先のショートカットを追加する場合は、連絡先を表示した状態で、⋮→［ホーム画面に追加］の順にタップし、ウィジェットを長押しして、ドラッグして追加します。

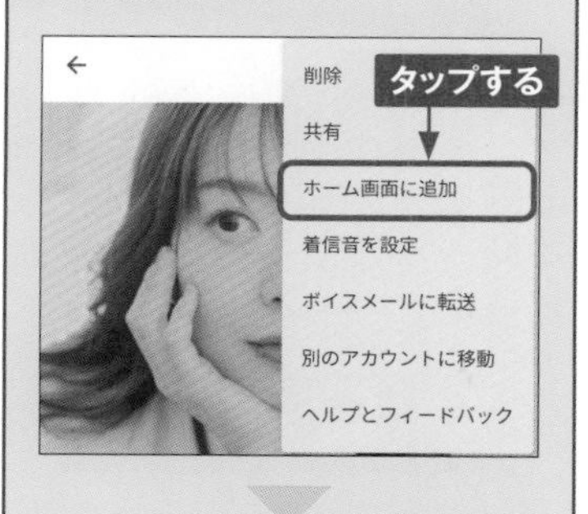

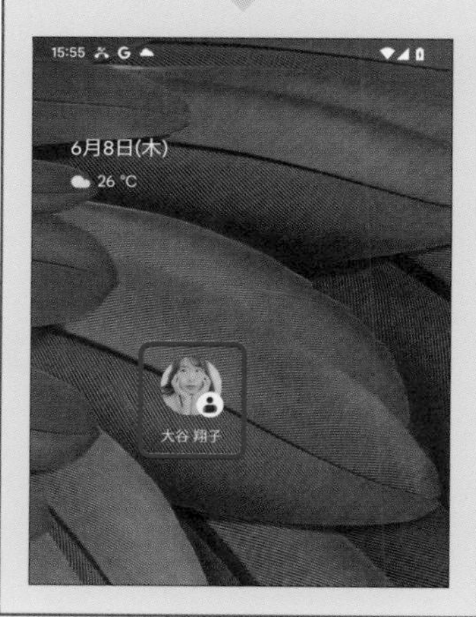

OS • Hardware

ドックにアプリの候補を表示する

ホーム画面下部のドックには、好みのアプリのアイコンを固定表示したり、最近使ったアプリのアイコンを表示することができます。固定表示したいアプリを、すべてのアプリ画面やホーム画面から、ドックにドラッグして配置します。アプリの候補を表示する場合は、下記の手順で行います。

1 ホーム画面を長押しして、[ホームの設定] をタップします。

2 [候補] をタップし、次の画面で [ホーム画面上に候補を表示] をタップしてオンにします。

3 [アプリの候補を利用] をタップします。

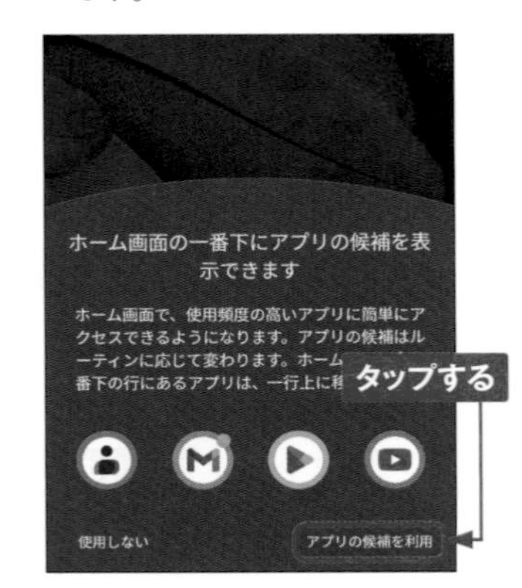

4 周りに縁がついたアプリアイコンがドックに表示されます。新しくアプリを開くたびに左から順に表示が替わります。

OS • Hardware

すべてのアプリを表示する

ホーム画面にアイコンを配置していないアプリは、「すべてのアプリ」画面から操作します。インストールしているアプリが多いときには、「すべてのアプリ」画面上部の検索ボックスから見つけることができます。また、連絡先や設定項目なども検索することができます。上段に表示されるよく使うアプリの候補は、ホーム画面のドック（アプリの候補）とは異なったものが表示されます。

1 ホーム画面を上方向にスワイプします。「すべてのアプリ」画面が表示されます。

2 検索ボックスにアプリ名を入力すると、操作候補が表示され、タップしてすぐに実行することができます。

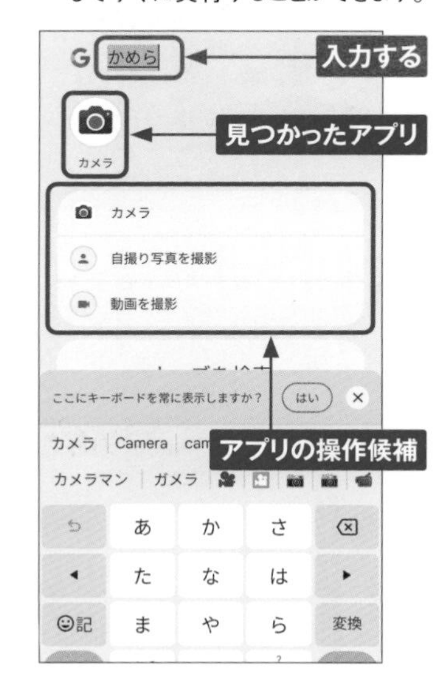

TIPS Pixel内だけを検索する

「すべてのアプリ」画面の検索ボックスでは、通常のGoogle検索と同様にWeb検索の結果も表示されます。Pixel内のアプリや連絡先だけを対象に検索を行いたい場合は、検索ボックスをタップして ⋮ →［設定］をタップ、［ウェブを検索］をオフにします。

OS • Hardware

開いているアプリを確認する

現在開いているアプリ（履歴）を確認して切り替えたり、終了したりする場合は次の手順で行います。なお、バックグラウンドのアプリはOSで適正に管理されていて、利用していないものは自動的に閉じられるので、通常は手動でアプリを終了する必要はないとされています。

1 アプリの画面やホーム画面で、画面下端から上方向にスワイプして止めます。

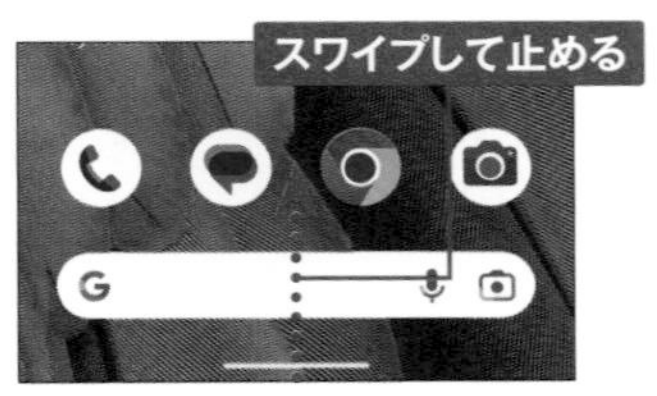

2 開いているアプリが表示されるので、左右にスワイプして確認します。アプリをタップすると切り替えることができます。

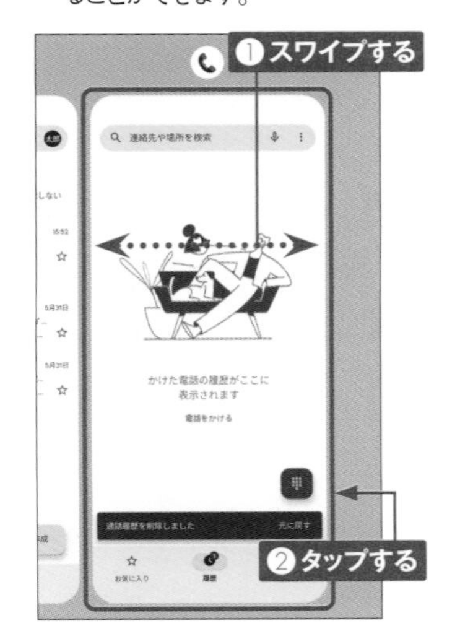

3 履歴からアプリを終了するには、上方向にスワイプします。

4 アプリの一番左端にある［すべてクリア］をタップすると、すべてのアプリが終了します。

TIPS リンクや画像をコピーする

アプリにリンクや画像などが含まれる場合は、履歴を表示すると手順**2**、**3**の画面のようにアイコンが表示されます。このアイコンをタップして、リンクや画像をコピーしたり共有したりすることができます。

Section 014

OS • Hardware

2つのアプリを同時に表示する

画面を上下に分割表示して、2つのアプリを同時に操作することができます。たとえば、Webページで調べた地名をマップで見たり、メールの文面をコピペして別の文書に保存したりといった使い方ができます。

1 P.24手順**2**の画面で、アプリ上部のアイコンをタップします。

2 ［上に分割］をタップします。

3 左右にスワイプして、2つ目のアプリを選んでタップします。

4 2つのアプリが画面上下に分割表示されます。分割バーを上下にドラッグすると、アプリの表示の比率を変えることができます。単独表示に戻すには、バーを画面の一番上または下までドラッグします。

ウィジェットを利用する

ウィジェットとは、アプリの一部の機能をホーム画面上に表示するものです。ウィジェットを使うことで、情報の確認やアプリの起動をかんたんに行うことができます。利用できるウィジェットは、対応するアプリをインストールして追加することができます。

1 ホーム画面を長押しし、[ウィジェット]をタップします。

2 利用できるウィジェットが一覧表示されるので、追加したいウィジェットを長押しして画面上部にドラッグします。

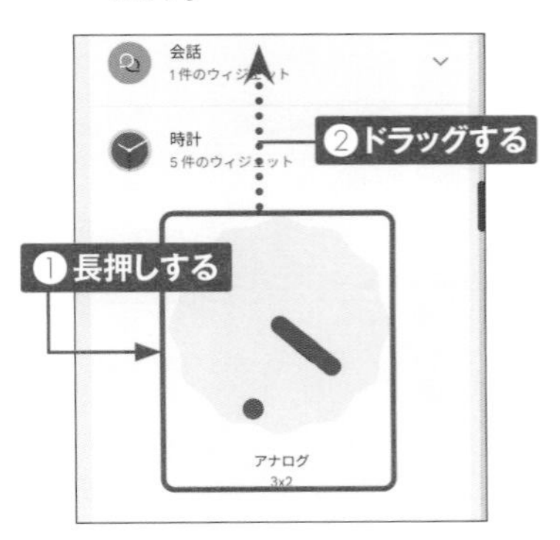

3 ホーム画面に切り替わったら、そのまま追加したい場所までドラッグします。

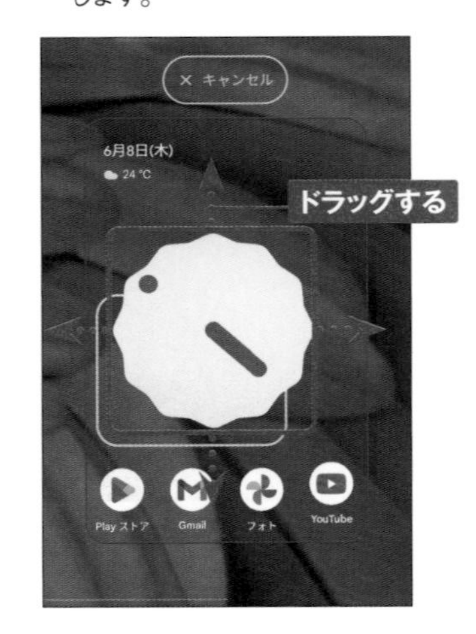

MEMO ウィジェットをカスタマイズする

ウィジェットの中には、長押しして上下左右のハンドルをドラッグすると、サイズを変更できるものがあります。また、ウィジェットを長押ししてドラッグすると移動でき、ホーム画面上部の[削除]までドラッグすると削除できます。

Section 016

OS • Hardware

スナップショットを設定する

ホーム画面とロック画面に表示されているウィジェット スナップショットには、日時のほか、現在地の天気やGoogleカレンダーの予定などアシスタントから取得した情報を表示することができます。なおスナップショットは、非表示にしたり、表示位置を変えたりすることはできません。

1 スナップショットを長押しして［カスタマイズ］をタップします。

2 ［スナップショット］の右の⚙をタップします。

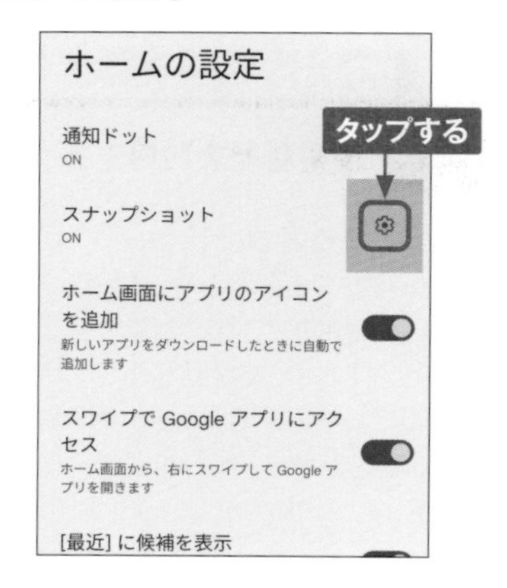

3 スナップショットの設定画面が表示されます。

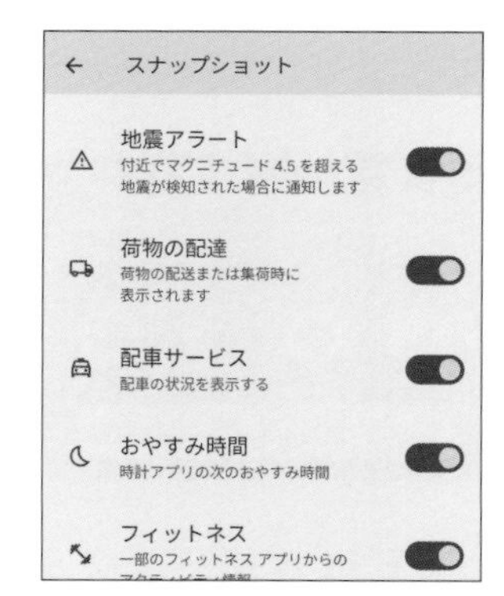

4 手順**3**の画面一番下の［その他の機能］をタップします。予定や交通情報など、アシスタントからの情報を設定することができます。

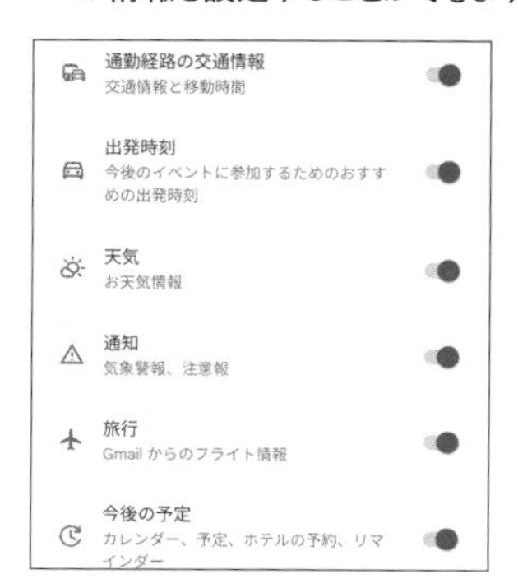

1

OS • Hardware

Google検索ウィジェットを利用する

ホーム画面下部に固定されているGoogle検索ウィジェットでは、Web検索やインストールしているアプリを見つけることができます。また、GoogleアシスタントとGoogleレンズを起動することもできます。なお、Google検索ウィジェットは、非表示にしたり表示位置を変えたりすることはできません。

1 ホーム画面でGoogle検索ウィジェットをタップします。なお、🎤をタップするとGoogleアシスタントが、📷をタップするとGoogleレンズが起動します。

2 検索欄に検索語を入力します。該当するアプリがある場合はアプリが表示されます。Web検索するには🔍をタップします。

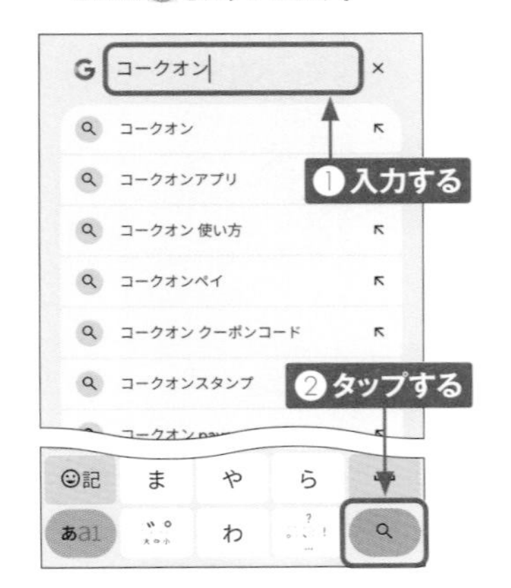

3 「Google」アプリが起動して、Web検索の結果が表示されます。

MEMO 検索履歴を利用する

Google検索ウィジェットには、手順**2**の画面のように検索した履歴や候補が表示されます。同じキーワードで検索したい場合は履歴をタップします。履歴を削除する場合は、長押しして［削除］をタップします。

Section 018

OS • Hardware

ダークモードで表示する

ダークモードは、黒が基調の画面表示です。バッテリー消費を抑えられる上に、発光量が少ないので目にもやさしくなります。オンにすると、対応しているアプリにも自動的にダークモードが適用されます。なお、本書はダークモードをオフにした画面で解説しています。

1 「設定」アプリを開き、[ディスプレイ] をタップします。

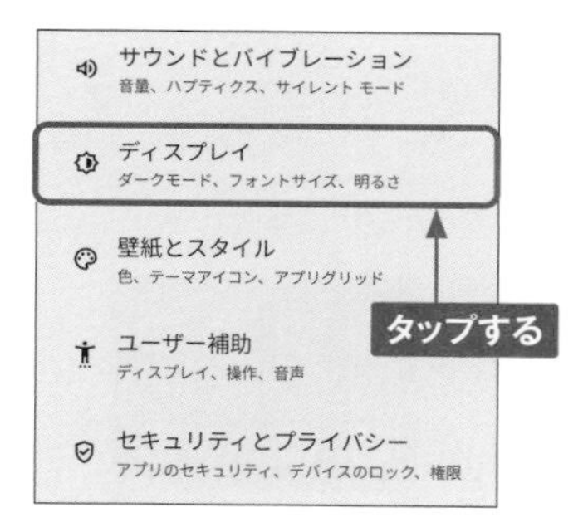

2 [ダークモード] をタップしてオンにします。

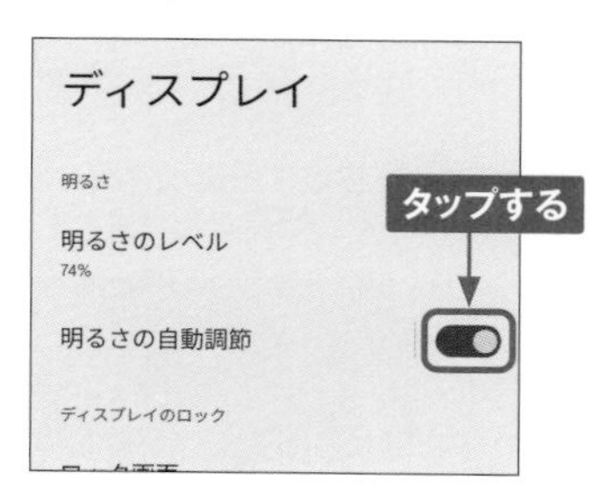

3 ダークモードが適用されて、暗い画面になります。

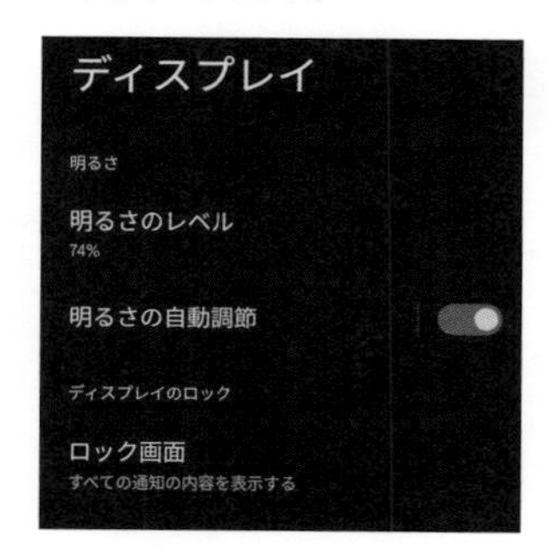

4 ダークモードに対応したアプリも暗い画面になります。

MEMO クイック設定から切り替える

手順1の方法のほかに、クイック設定（Sec.007参照）に [ダークモード] のタイルを追加すると、タップしてすぐにオン／オフを切り替えることができます。

Section 019

OS • Hardware

壁紙とUIの色を変更する

Android12から、新しいUI「Material You」が採用されました。メニュー、ボタンの配色を候補から選んだり、テーマアイコン（壁紙に合わせた色のアプリアイコン）を使うことができます。

壁紙とUIの色を変更する

1 ホーム画面を長押しして、［壁紙とスタイル］をタップします。

2 ［壁紙の変更］をタップします。

3 壁紙を選びます。［ホーム画面］と［ロック画面］をタップすると、それぞれ壁紙を設定した画面をプレビューすることができます。✓をタップします。

4 壁紙を設定する画面を選んでタップすると、壁紙が設定されます。

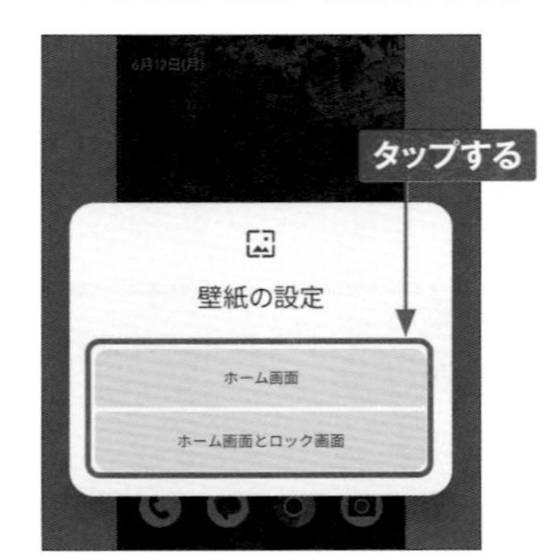

5 手順**2**の画面を再び表示して［壁紙の色］をタップし、UIの配色を候補から選びます。

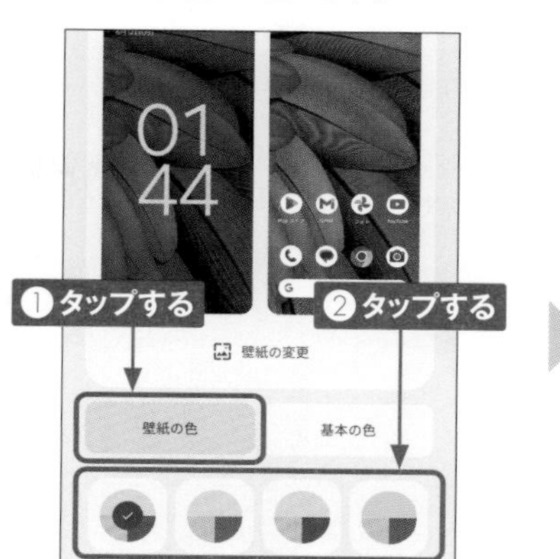

6 UIの配色が設定されます。

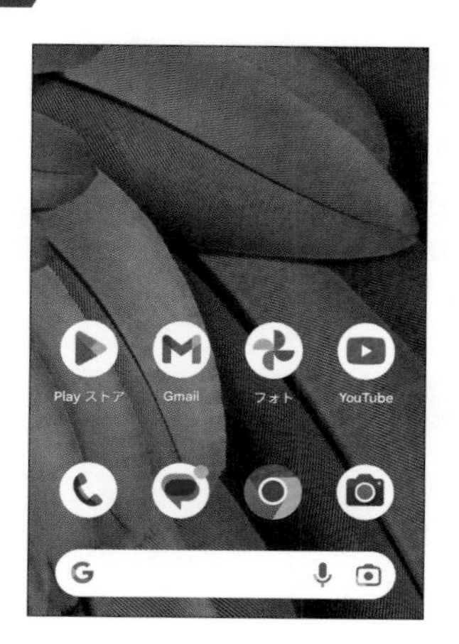

テーマアイコンを使う

1 前ページ手順**2**の画面で、テーマアイコンをタップしてオンにします。

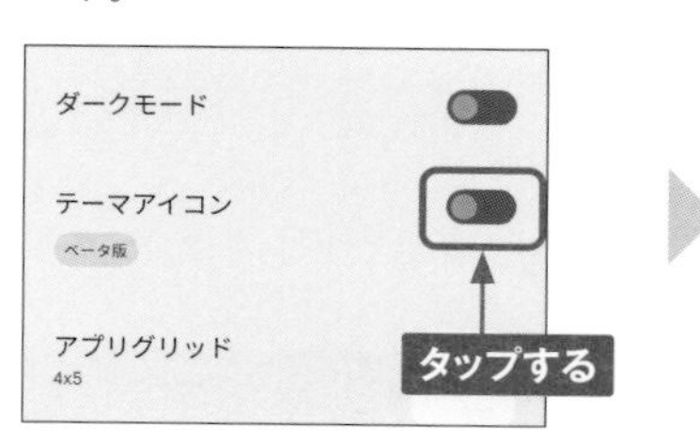

2 テーマアイコンが適用されます。

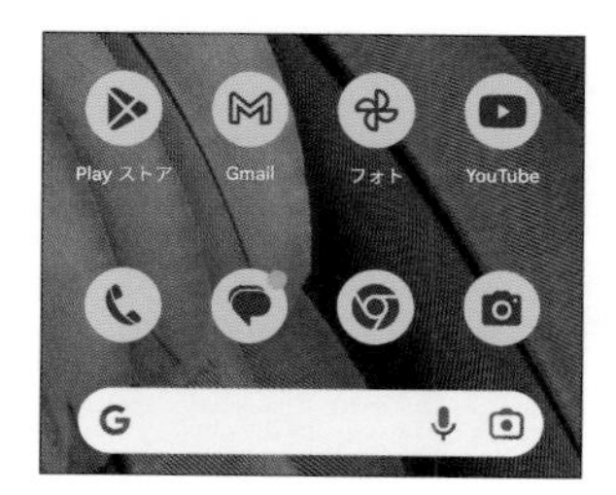

MEMO **画面に並ぶアイコン数を設定する**

手順**1**の画面で、［アプリグリッド］をタップすると、ホーム画面や すべてのアプリ画面 のアイコンのグリッド数を設定することができます。Andoroid12から、グリッド数がこれまでの5X5から4X5になり、アプリアイコンが大きめに表示されるようになりました。大きいアイコンに違和感がある場合に設定するといいでしょう。

Section 020

OS • Hardware

夜間モードにする

「夜間モード」にすると、設定中の時間は、画面のブルーライトがカットされて黄色がかった画面になります。目にやさしく、薄暗い明かりでもPixelの画面が見やすくなります。夜間モードのオン／オフは、クイック設定から行うこともできます。

1 「設定」アプリを開き、［ディスプレイ］→［夜間モード］をタップします。

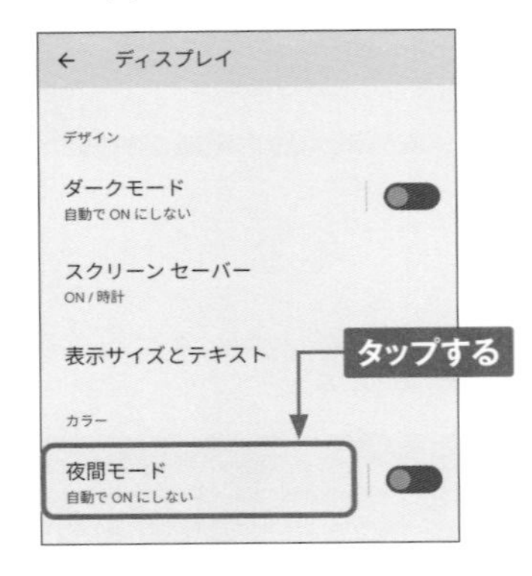

2 ［スケジュール］をタップします。

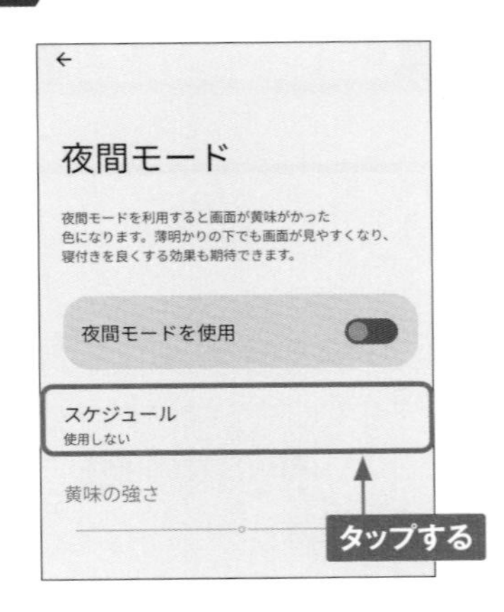

3 ［日の入りから日の出までON］をタップするか、［指定した時間にON］をタップして時間を指定します。

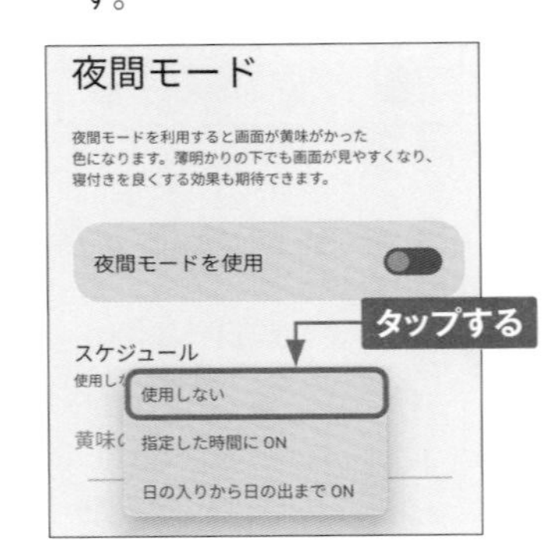

4 「夜間モード」では、黄色がかった画面になります。

Section 021

キーボード

キーボードの種類を切り替える

Pixelの文字入力は、初期設定で「12キー」キーボードが設定されていますが、入力しづらいと感じた場合は、キーボードを切り替えることができます。パソコンのキーボードと同じ文字配列の「QWERTY」キーボードなど、さまざまなキーボードが用意されているので、自分の入力しやすいものを選んで設定するとよいでしょう。

1 「設定」アプリを開き、[システム]の順にタップします。

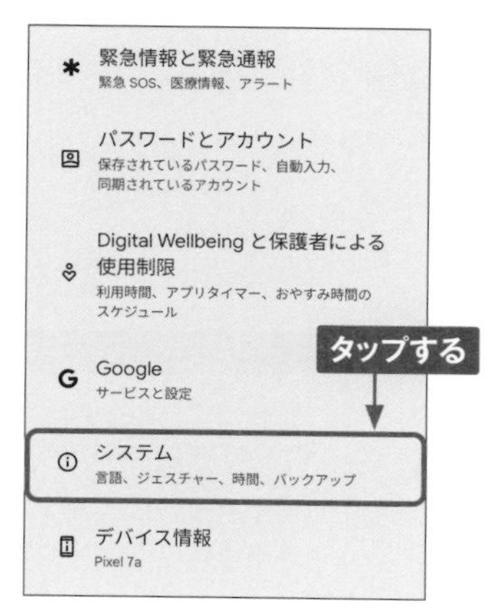

2 [言語と入力] → [画面キーボード] → [Gboard] → [言語] → [日本語] の順にタップします。

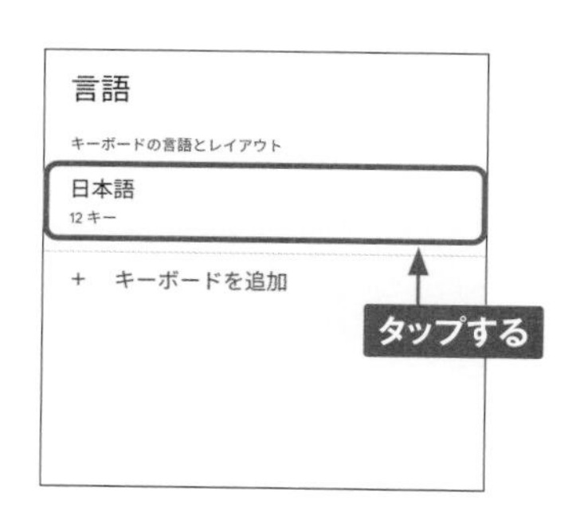

3 キーボードの一覧が表示されます。[QWERTY] をタップしてチェックを付け、[12キー] をタップしてチェックを外すと、キーボードが切り替わります。なお、複数のキーボードを選択することも可能です。

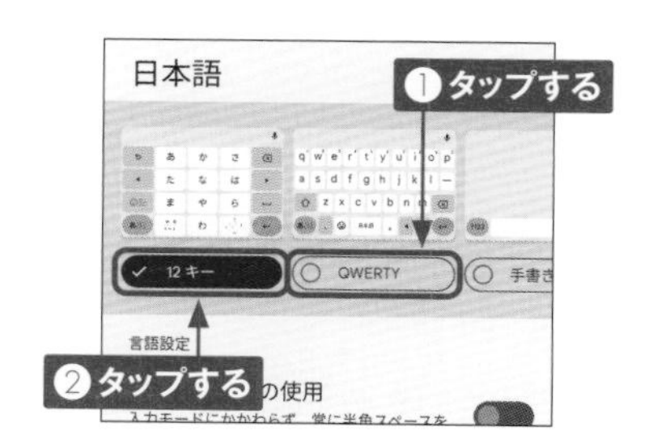

TIPS アシスタント音声入力

Tensorの「アシスタント音声入力」機能は、それまでに発声された文脈からAIが類推して、あやふやな音声を適切な言葉にテキスト化し、正確な句読点を打ちます。P.34手順2の画面で✿をタップし、[音声入力] → [アシスタントの音声入力] で、「詳細」や「音声コマンド」を確認することができます。

キーボードをフロートさせる

キーボードのフローティングを設定すると、キーボードの位置を自由に動かしたり縮小したりできるようになります。アプリによって、情報が表示される領域が狭いと感じた場合などに利用すると、作業しやすくなるでしょう。また、キーボードを縮小して左右に寄せることで、手の小さい人でも片手入力がしやすくなります。

1 テキストの入力画面で、⋯をタップします。

2 ［フローティング］をタップします。ここで［片手モード］をタップすると、片手モードになります。

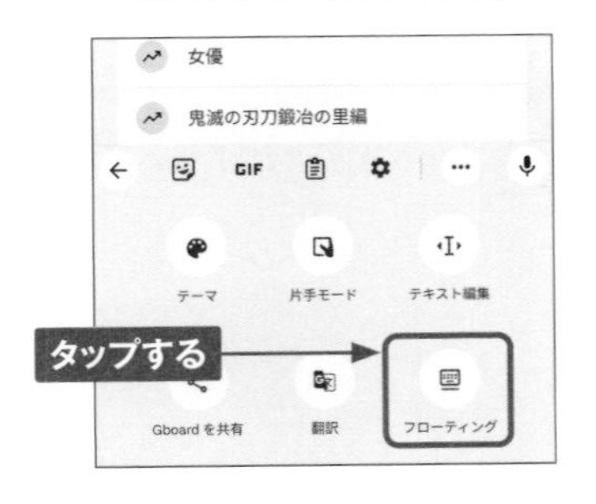

3 キーボードが浮いたようになります。

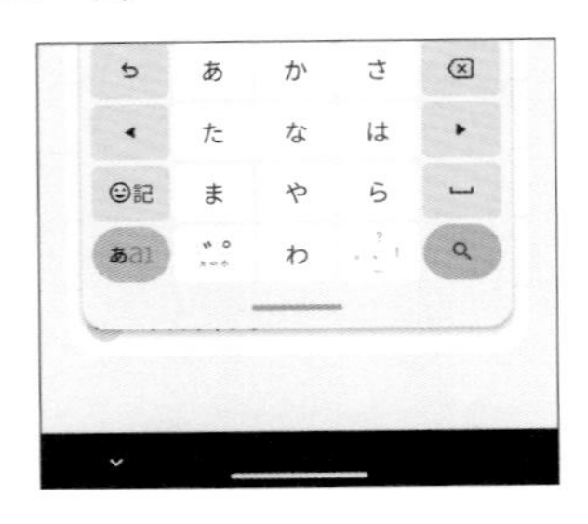

4 キーボードの下部をタップしてドラッグすると、移動することができます。

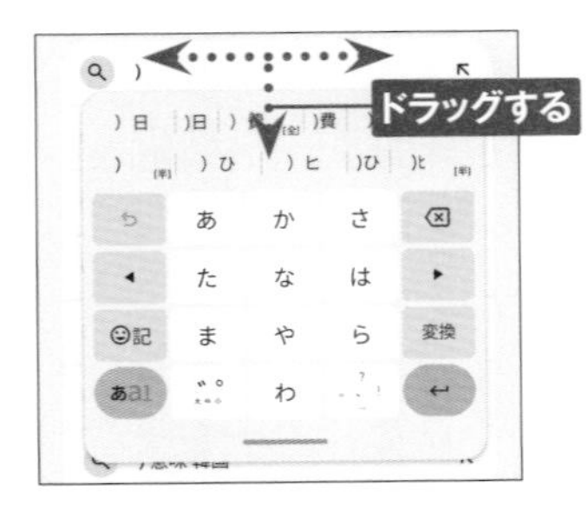

MEMO キーボードを縮小する

キーボードを縮小したい場合は、手順**3**の画面で、キーボードの四隅のどれか1つを選んで斜め方向にドラッグすると、大きさを調整することができます。

Section 023

キーボード

テキストをコピー&ペーストする

Pixelは、アプリなどの編集画面でテキストをコピーすることができます。また、コピーしたテキストは別のアプリなどにペースト（貼り付け）して利用することができます。コピーのほか、テキストを切り取ってペーストすることもできます。

1 テキストの編集画面で、コピーしたいテキストを長押しします。

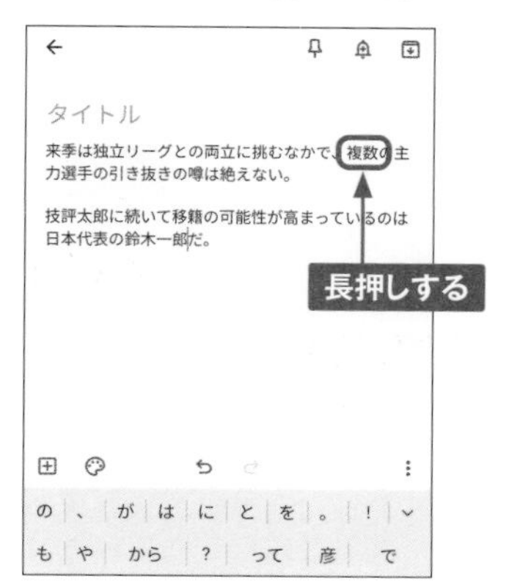

2 ●●を左右にドラッグしてコピーする範囲を指定し、[コピー]をタップします。なお、[切り取り]をタップすると切り取れます。

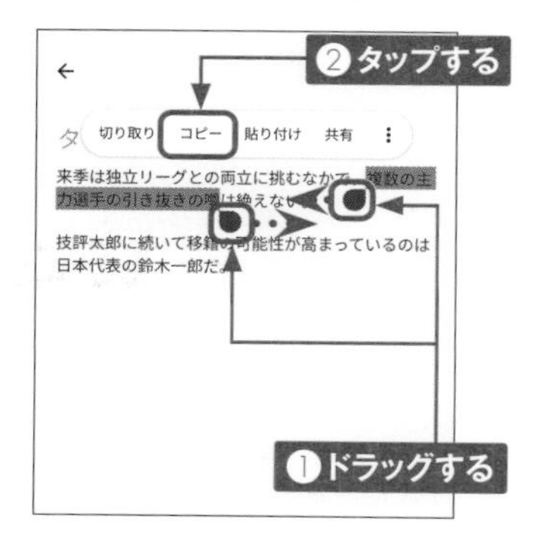

3 ペーストしたい位置をタップし、[貼り付け]をタップします。

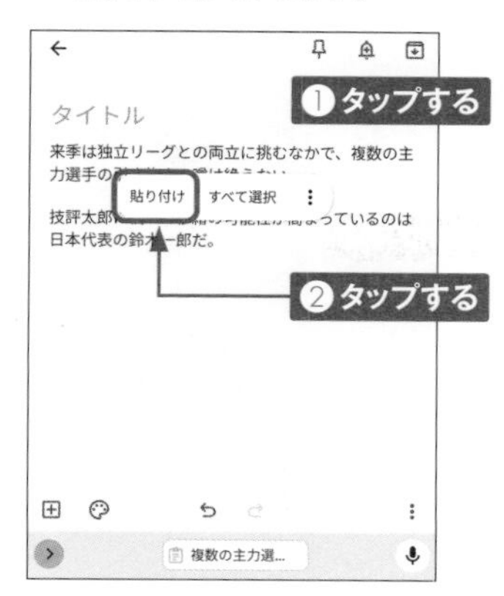

4 テキストがペーストされます。

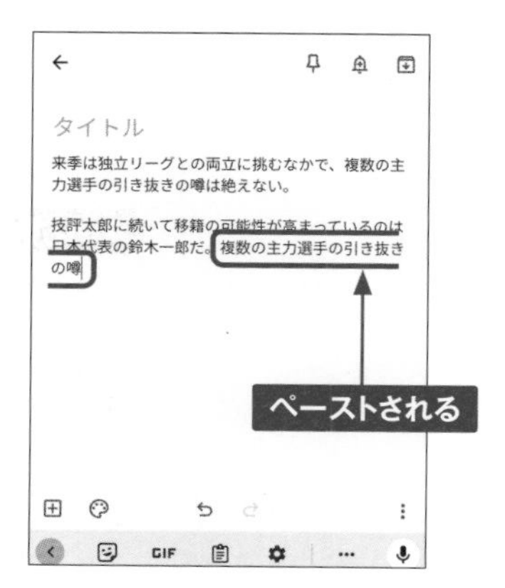

1

Section 024

「連絡帳」アプリ

新規連絡先を「連絡帳」に登録する

メールアドレスや電話番号を「連絡帳」アプリに登録しておくと、着信画面に相手の名前が表示され、自分から連絡する際もスムーズです。姓名や会社名などのほか、アイコンも設定できるので、本人の写真を設定しておくとより判別しやすくなるでしょう。よく連絡を取り合う相手は「お気に入り」に追加して、すぐに見られるようにしておくと便利です。

1

1 P.23を参考にすべてのアプリ画面を表示し、[連絡帳]をタップします。

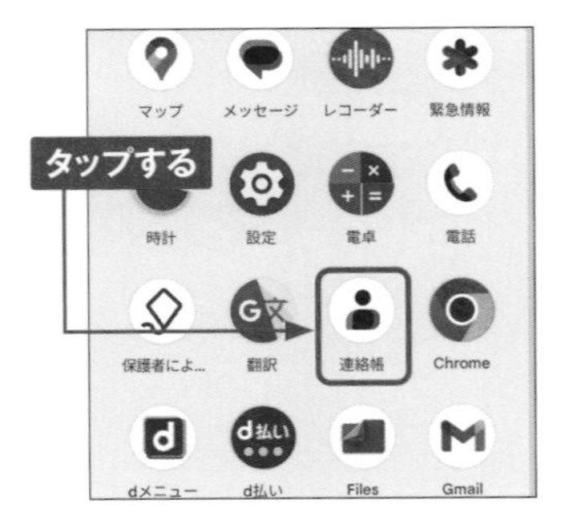

2 「連絡帳」画面が表示されます。+をタップします。

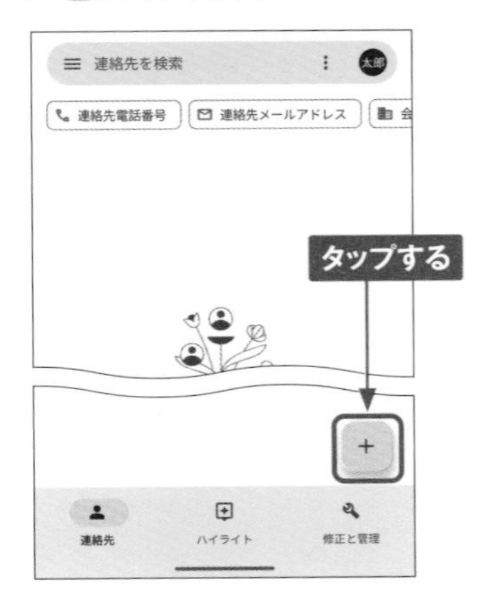

3 「連絡先の作成」画面が表示されます。名前やメールアドレス、電話番号などを入力して、[保存]をタップします。

4 連絡先が登録されます。☆をタップするとお気に入りに追加され、手順2の「連絡帳」画面左に表示される★をタップすることですぐに呼び出すことができます。

Section 025

「連絡帳」アプリ

履歴から連絡先を登録する

「連絡帳」アプリに登録していない電話番号から着信があったときは、履歴から連絡先を登録することができます。この場合は、自分で電話番号を入力する必要がありません。

1 すべてのアプリ画面で📞をタップします。

2 ［履歴］をタップし、着信履歴から連絡先に登録したい番号を選んでタップします。

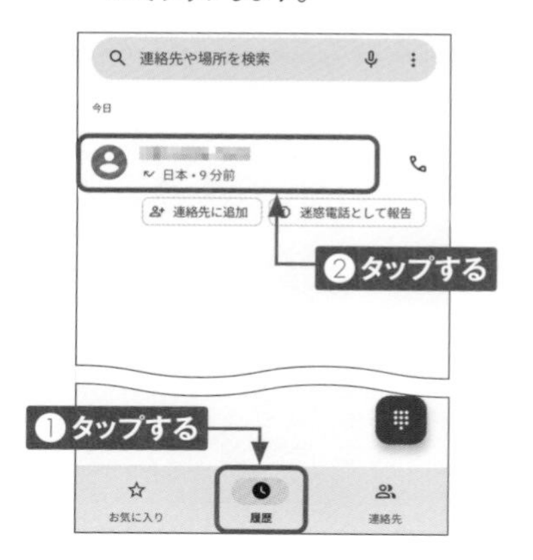

3 ［連絡先に追加］をタップします。保存先のアカウント、もしくは［デバイス］を選びます。

4 「連絡先の作成」画面が表示されます。P.36手順3を参考に、名前などの情報を入力し、［保存］をタップします。

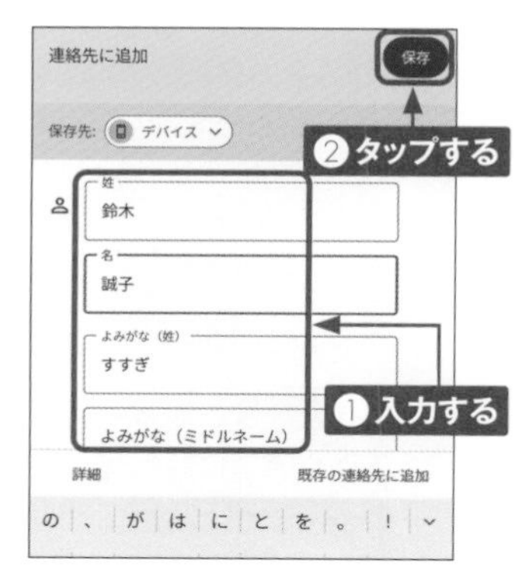

1

Section 026

取り込み中にメッセージで返信する

「電話」アプリ

忙しいときや電車に乗っているときなど、電話の着信があってもすぐに出られない場合は、SMSで返信することができます。初期設定では4種類のメッセージの中から選べますが、カスタム返信を作成することで、より状況に適したメッセージを送ることも可能です。

1 着信のポップアップをタップします。

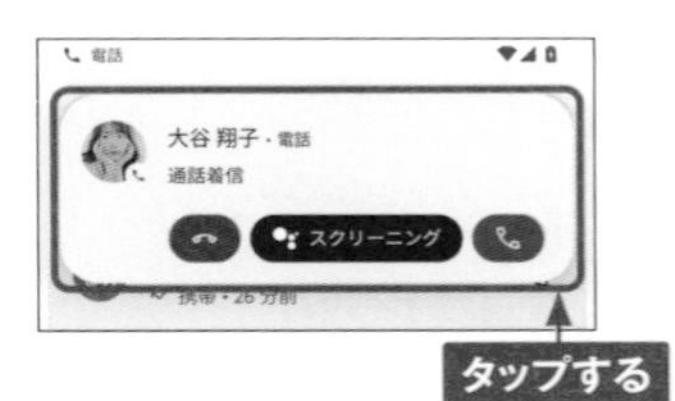

2 電話の着信画面で［返信］をタップします。

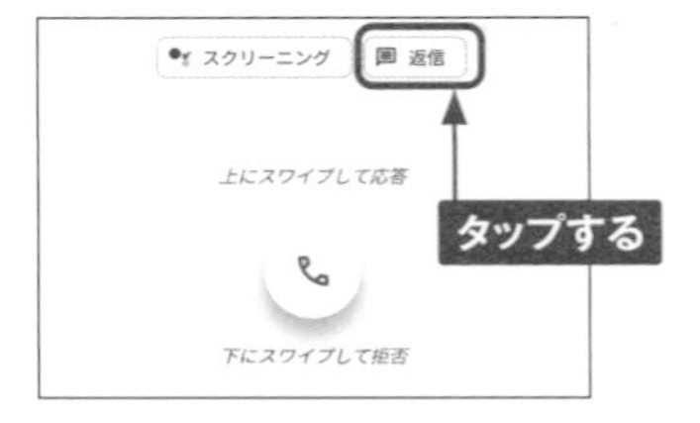

3 メッセージを選んでタップすると、相手にメッセージが送信され、着信が止まります。

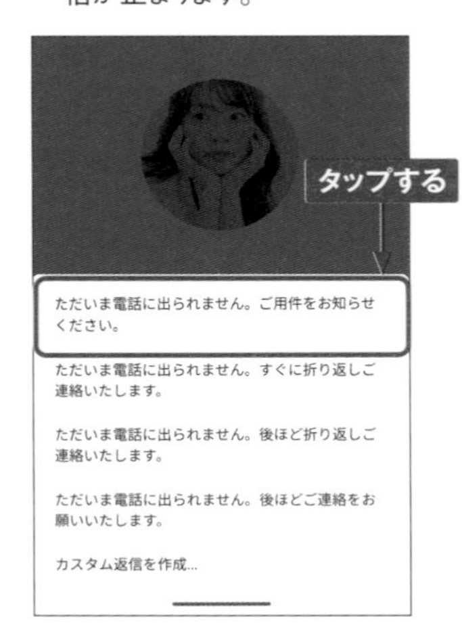

TIPS カスタム返信を作成する

手順3の画面で［カスタム返信を作成］をタップすると、メッセージの内容を自由に入力して相手に送信することができます。ただし、作成できるのは着信中だけのため、時間がかかってしまうようであれば［キャンセル］をタップして手順3の画面に戻り、デフォルトのメッセージをタップして送った方が無難です。

「電話」アプリ

迷惑電話を見分ける

スクリーニング機能を使うと、通話をする前に自動音声で相手の名前や要件を確認して、不審な電話かどうかを見分けることができます。相手のしゃべった内容と、こちらから自動音声で伝えた内容のやり取りは画面にテキストで表示されます。

1 着信のポップアップをタップし、表示される着信画面で［スクリーニング］をタップします。

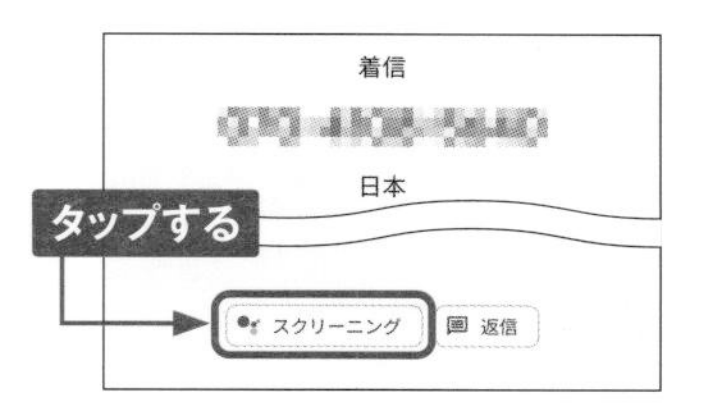

2 名前と用件を話すように、相手に自動音声で伝えられます。

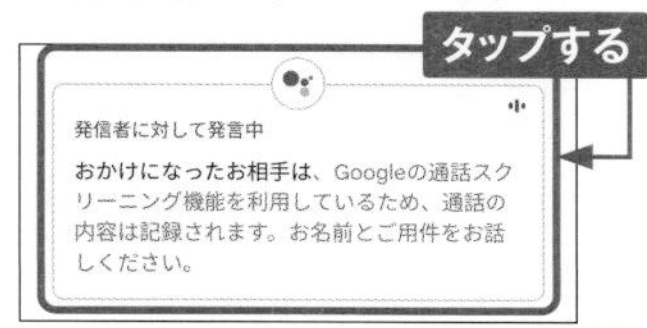

3 相手の話した内容が文字起こしされて表示されます。画面下のボタンを左右にスワイプし、返答を選んでタップすると、相手に自動音声で伝えられます。

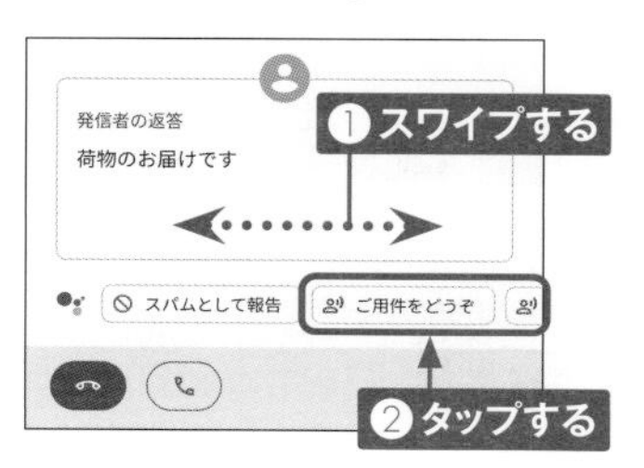

4 3の手順を繰り返して会話をやり取りします。

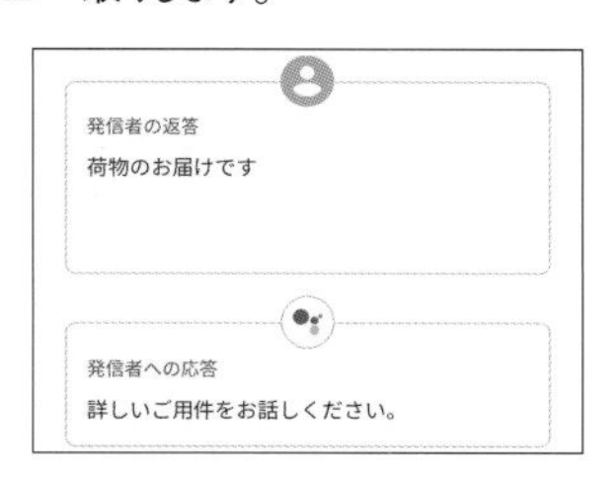

5 やり取り中に、不審な電話であることがわかった場合は をタップして電話を切ります。電話を受けて音声で通話する場合は をタップします。

MEMO 音声を設定する

自動音声は、男性の声（Voice 9）と女性の声（Voice 7）を選ぶことができます。「電話」アプリの「履歴」や「連絡先」画面右上の ⁝ をタップし、［設定］→［通話スクリーニング］→［音声］をタップして設定します。

Section 028

OS • Hardware

スクリーンショットを撮る

画面をキャプチャして、画像として保存するのがスクリーンショットです。表示されている画面だけでなく、スクロールして見るような画面の下部にある範囲をキャプチャして、長い画像として保存できます。※キャプチャ範囲の拡大ができない場合や非対応のアプリがあります。

1 電源ボタンと音量ボタンの下を押します。

2 画面がキャプチャされて、画面の左下にアイコンとして表示されます。画面をスクロールして長い画像を保存する場合は、[キャプチャ範囲を拡大] をタップします。

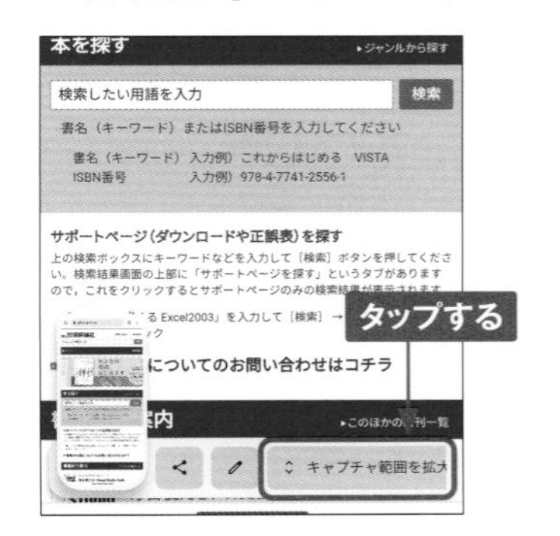

3 キャプチャ範囲が拡大して表示されます。ハンドルをドラッグして範囲を変更し、[保存] をタップします。

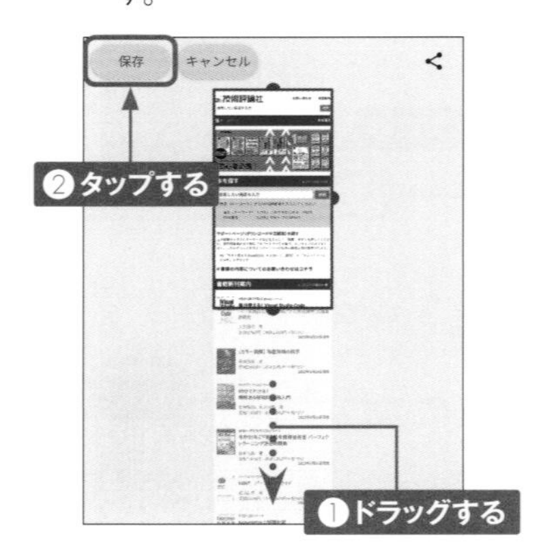

MEMO アプリの履歴から撮る

起動中のアプリの画面は、P.24手順 2 の画面で [スクリーンショット] をタップして、キャプチャすることもできます。

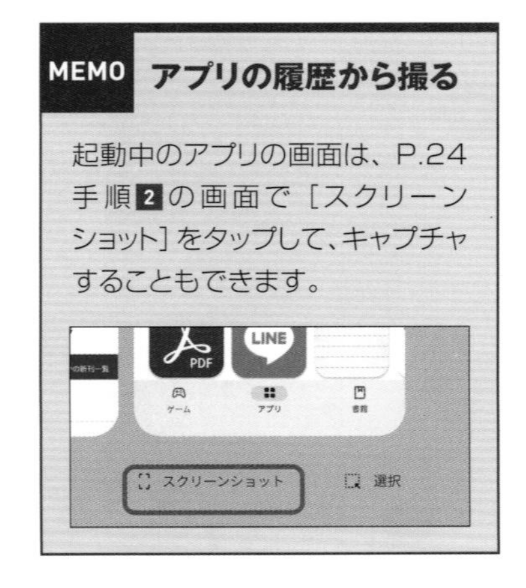

WebとGoogleアカウントの便利技

Chapter

2

Chromeのタブを使いこなす

Chromeは同時に開いた複数のWebページをタブを切り替えて表示することができます。複数のページを交互に参照したいときや、常に表示しておきたいページがあるときに利用すると便利です。またグループ機能を使うと、タブをまとめたりアイコンとして操作できたりして、管理しやすくなります。

Webページを新しいタブで開く

1 Chromeを起動して、⋮をタップします。

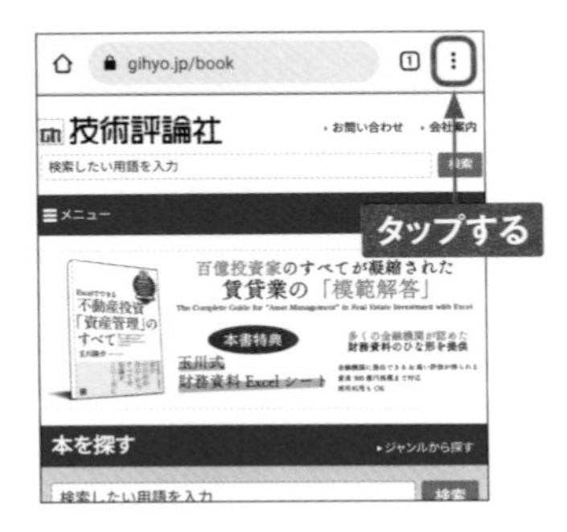

2 ［新しいタブ］をタップします。

3 新しいタブが表示されます。

> **MEMO グループとは**
>
> Chromeは、複数のタブをまとめるグループ機能を使うことができます（P.44～45参照）。よく見るWebページのジャンルごとにタブをまとめておくと、情報を探したり、比較したりしやすくなります。またグループ内のタブはアイコン表示で操作できるので、追加や移動などもかんたんに行えます。

タブを切り替える

1 複数のタブを開いた状態でタブ切り替えアイコンをタップします。

2 現在開いているタブの一覧が表示されるので、表示したいタブをタップします。

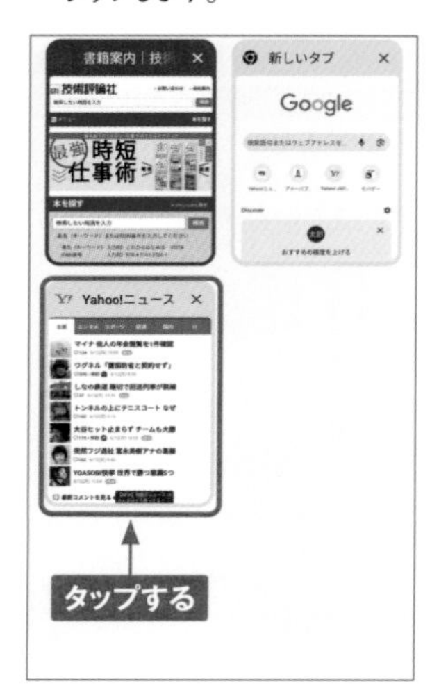

3 タップしたタブに切り替わります。

MEMO タブを閉じる

不要なタブを閉じたいときは、手順**2**の画面で、右上の×をタップします。なお、最後に残ったタブを閉じると、Chromeが終了します。

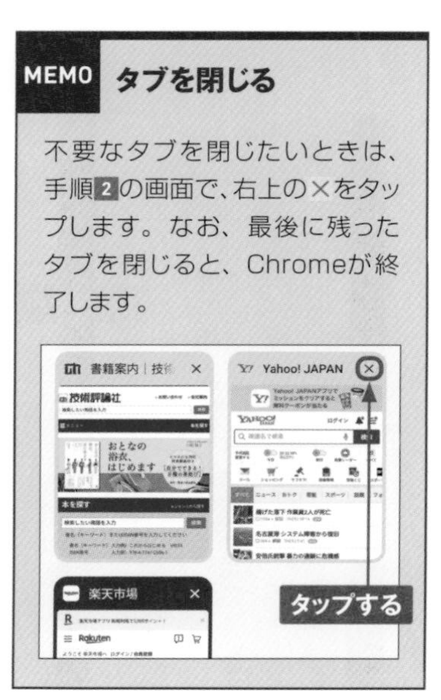

Ⓖ グループを表示する

1 ページ内のリンクを長押しします。

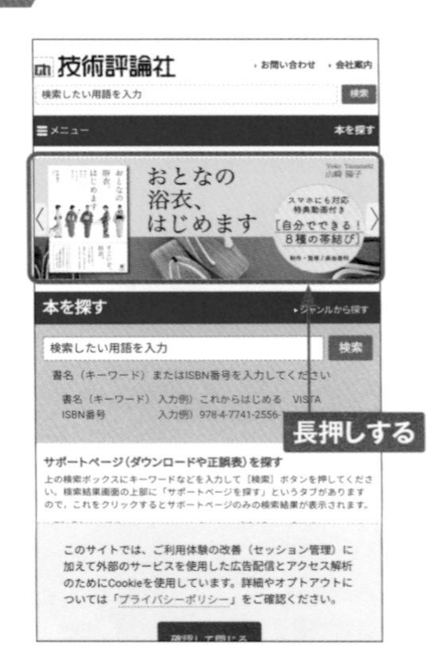

2 ［新しいタブをグループで開く］をタップします。

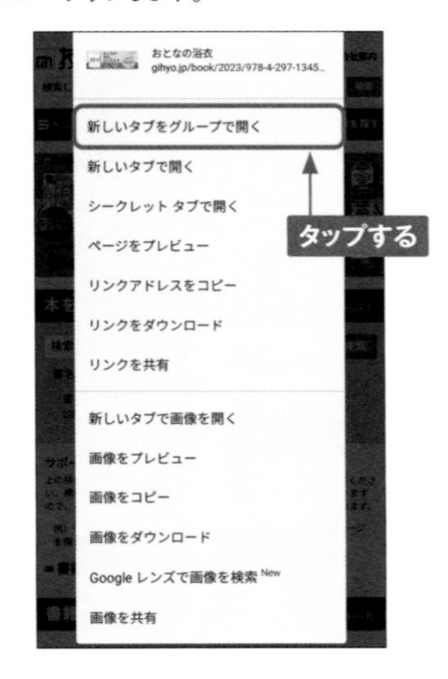

3 新しいタブがグループで開き、画面下にタブの切り替えアイコンが表示されます。新しいタブのアイコンをタップします。

4 新しいタブのページが表示されます。

G グループを整理する

1 P.44手順 3 の画面で右下の［＋］をタップすると、グループ内に新しいタブが追加されます。画面右上のタブ切り替えアイコンをタップします。

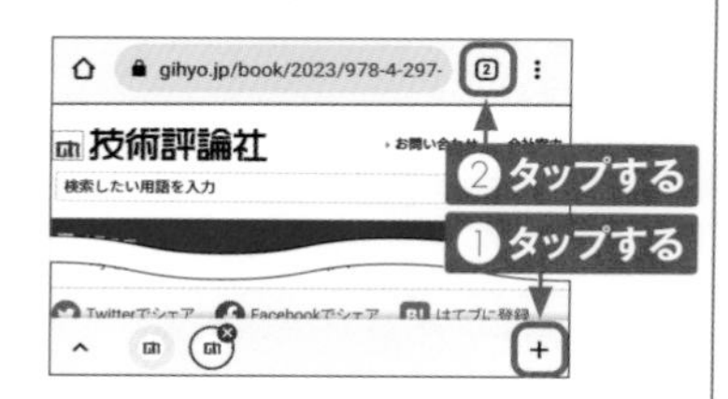

2 現在開いているタブの一覧が表示され、グループの中に複数のタブがまとめられていることがわかります。グループをタップします。

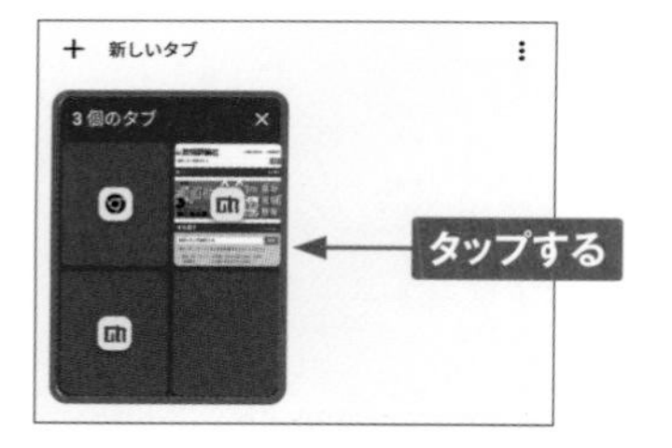

3 グループが大きく表示されます。タブの右上の［×］をタップします。

4 グループ内のタブが閉じます。← をタップすると、現在開いているタブの一覧に戻ります。

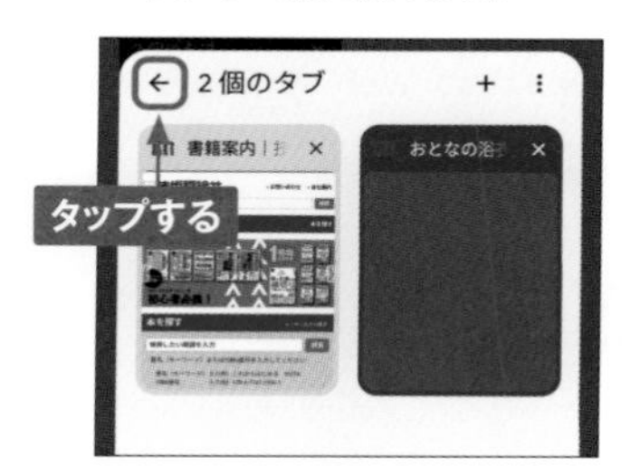

5 グループにタブを追加したい場合は、追加したいタブを長押しし、グループにドラッグします。

6 グループにタブが追加されます。

2

Section 030

Chrome

Webページ内の単語をすばやく検索する

Chromeでは、Webページ上の単語をタップすることで、その単語についてすばやく検索することができます。なお、モバイル専用ページなどで、タップで単語を検索できない場合は長押しして文章を選択します（MEMO参照）。

1 ChromeでWebページを開き、検索したい単語をタップします。

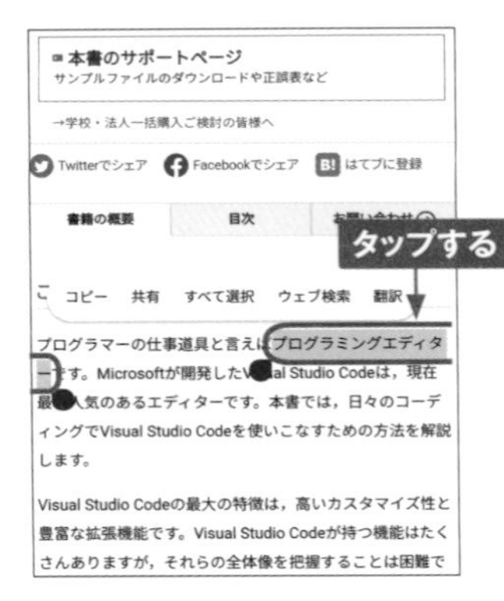

2 画面下部に選んだ単語が表示されるので、タップします。

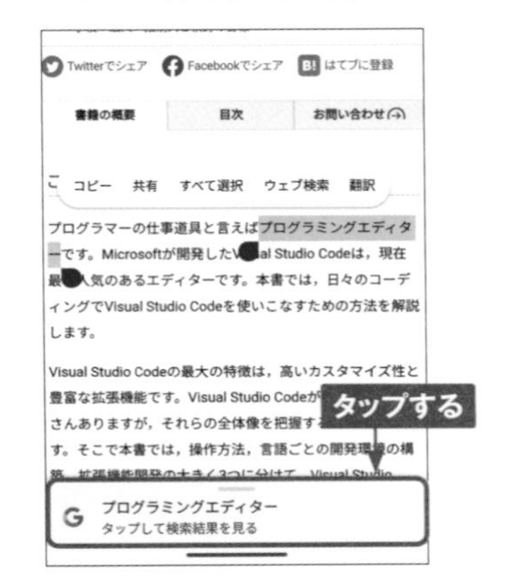

3 検索結果が表示されます。

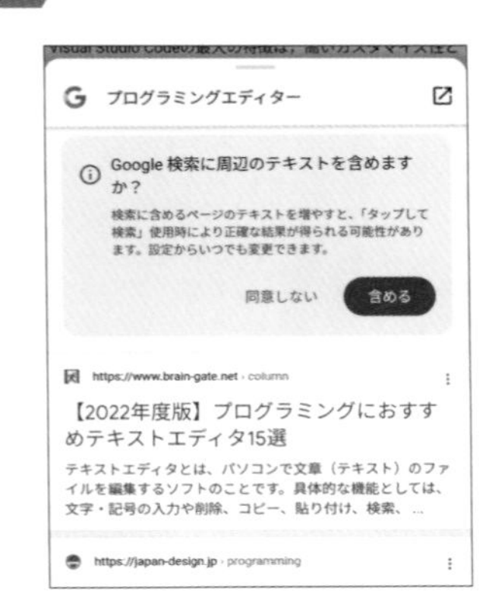

MEMO 文章を検索する

文章を検索するには、Webページ上の検索したい部分を長押しし、●●を左右にドラッグして文章範囲を選択し、［ウェブ検索］をタップします。

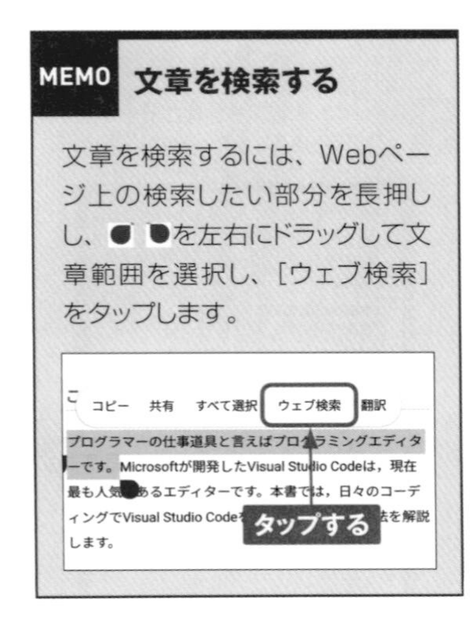

Section 031

Webページの画像を保存する

Chrome

Chromeでは、Webページ上の画像を長押しすることでかんたんに保存することができます。画像はPixel内の「Download」フォルダに保存されます。「フォト」アプリで見る場合は、「フォト」アプリで［ライブラリ］→［Download］の順にタップします。また、「Files」アプリの「ダウンロード」から開くこともできます（Sec.112参照）。

1 ChromeでWebページを開き、保存したい画像を長押しします。

2 ［画像をダウンロード］をタップします。

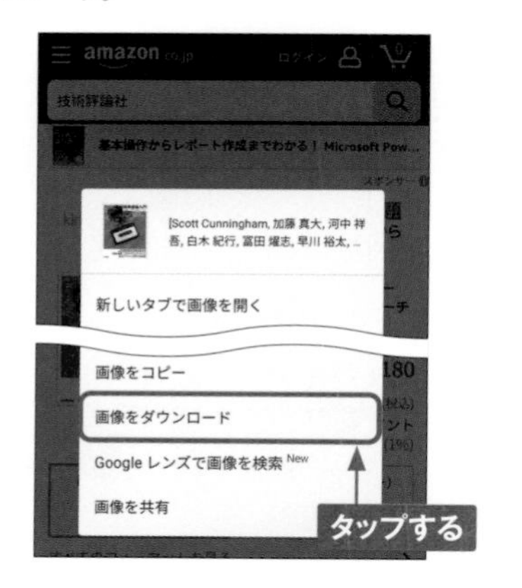

3 ［開く］をタップします。

4 保存した画像が表示されます。

Section 032

Chrome

住所などの個人情報を自動入力する

Chromeでは、あらかじめ住所やクレジットカードなどの情報を設定しておくことで、Webページの入力欄に自動入力することができます。入力欄の仕様によっては、正確に入力できない場合もあるので、正確に入力できなかった部分を編集するようにしてください。

1 Chromeの画面右上の ⋮ をタップし、[設定] をタップします。

2 住所などを設定するには [住所やその他の情報] を、クレジットカードを設定するには [お支払い方法] をタップします。

3 「お支払方法の保存と入力」または「住所の保存と入力」がオンになっていることを確認し、[住所を追加] または [カードを追加] をタップします。

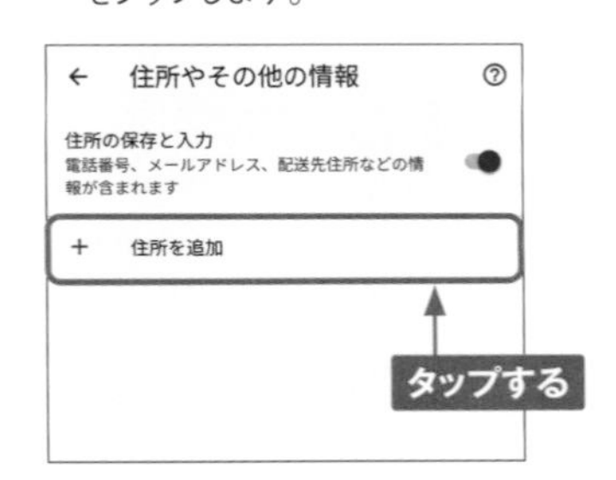

4 情報を入力し、[完了] をタップします。

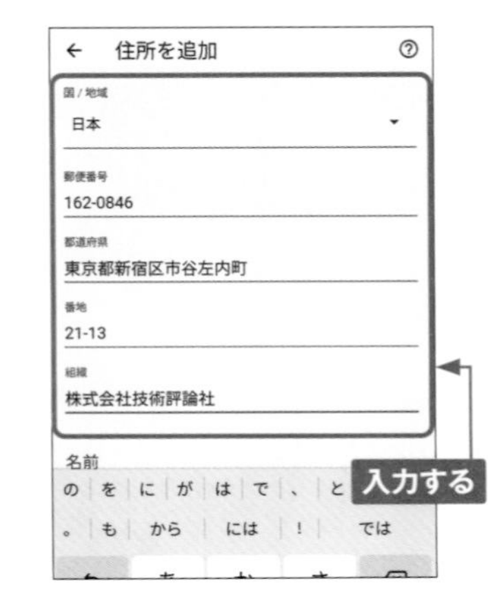

Section 033

Chrome

パスワードマネージャーを利用する

「パスワードマネージャー」は、WebサービスのログインIDとパスワードをGoogleアカウントに紐づけて保存します。以降は、ログインIDの入力欄をタップすると、自動ログインできるようになります。保存したパスワードの管理には、ロック画面解除の操作が必要です。

1 Chromeの画面右上の ⋮ をタップし、[設定] → [パスワードマネージャー] の順にタップします。

2 設定がオンになっていることを確認します。

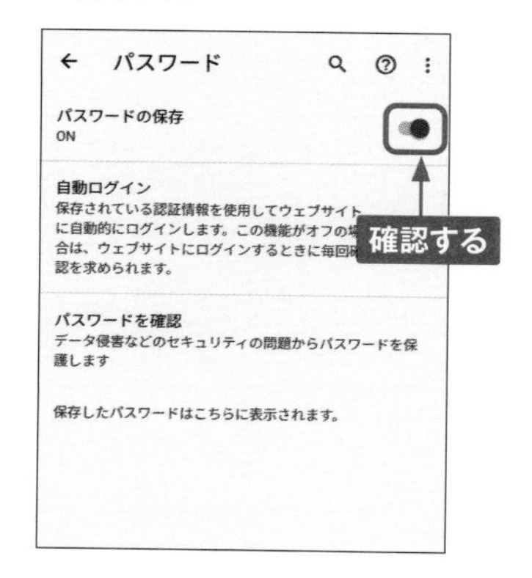

3 Webページでパスワードを入力後、[保存] をタップするとパスワードが保存され、以降、自動ログインできるようになります。手順2の画面で、保存してあるパスワードを管理できるようになります。

MEMO パスワードを編集する

パスワードを保存すると、手順2の画面に保存したサイトの一覧が表示されます。これをタップすると、パスワードの編集を行うことが可能です。

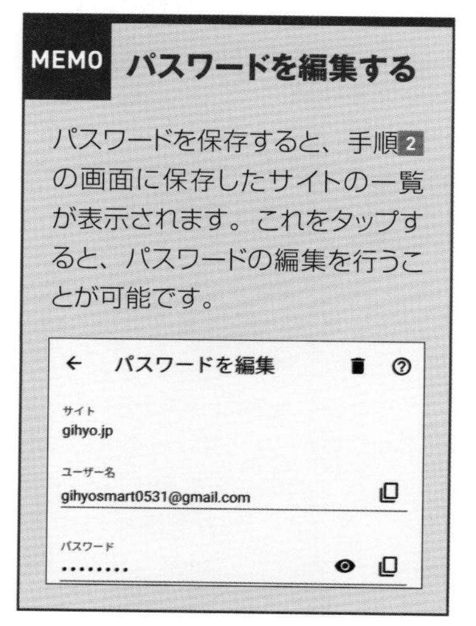

「Google」アプリ

Google検索を行う

「Google」アプリは、自分に合わせてカスタマイズした情報を表示させたり、Google検索をしたりすることができるアプリです。また、ホーム画面上のGoogle検索ウィジェット（Sec.017参照）を使うとすばやく検索できます。Webページを検索、表示できる点はChromeと同じですが、機能などが異なります。

1 P.23を参考にすべてのアプリ画面を表示し、［Google］をタップします。

2 検索するキーワードを入力し、🔍をタップします。

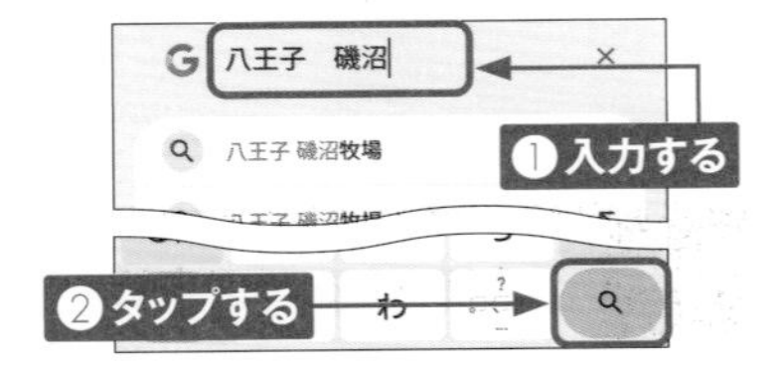

3 キーワードに関連する検索結果が表示されます。

MEMO そのほかの使い方

検索ボックスをタップした際に表示される検索履歴の↖をタップすると、AND検索の候補が表示され、タップするとAND検索を行うことができます。なお、検索履歴を削除するには、削除したい検索履歴を長押しし、［削除］をタップします。また、🎤をタップすると、音声入力の検索や、周辺で流れている音楽を調べることができます。

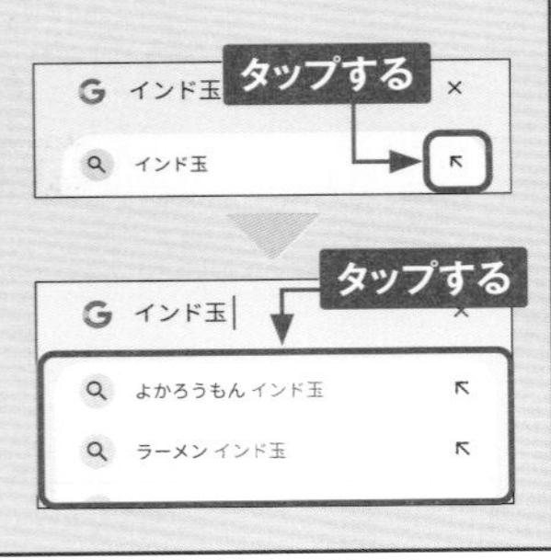

「Google」アプリ

Discoverで気になるニュースを見る

Google Discoverは、Webページの検索など、Googleサービスで行った操作や、フォローしているコンテンツをもとに、ユーザーが興味を持ちそうなトピックを表示する機能です。新しいトピックはもちろん、ユーザーが関心を持ちそうな古いトピックも表示されます。ニュースや天気などの概要が表示された「カード」をタップすることで、ソースのWebページが表示されます。

1 ホーム画面を右方向にスワイプします。

2 Google Discoverが表示されます。カードをタップします。

3 Webページが表示されます。

TIPS 表示頻度を上げる

好きなカードの右下にある高評価アイコン♡をタップすると、そのトピックの表示頻度が上がります。

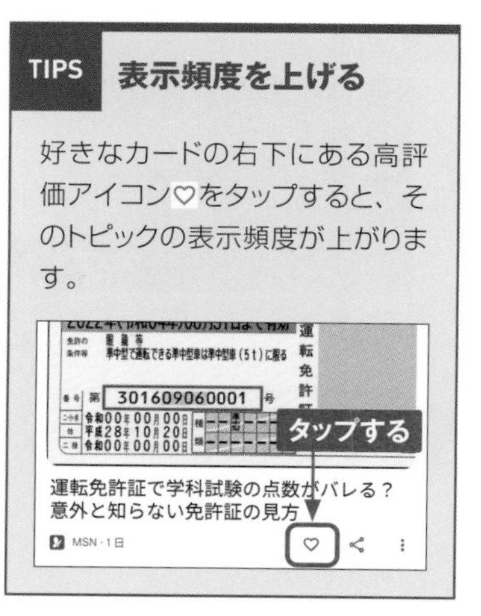

Section 036

「Google」アプリ

トピックを非表示にする

Google Discoverのレコメンド機能により、過去に見たWebページに似ている関心の無いカードが表示されることもあります。そんな場合は、「このトピックに興味がない」「このカードを表示しない」で表示されないようにします。

1 非表示にするトピックの ⋮ をタップします。

2 [(○○に興味がない] をタップします。なお、[○○のコンテンツを表示しない] をタップするとこの記事だけが非表示になります。

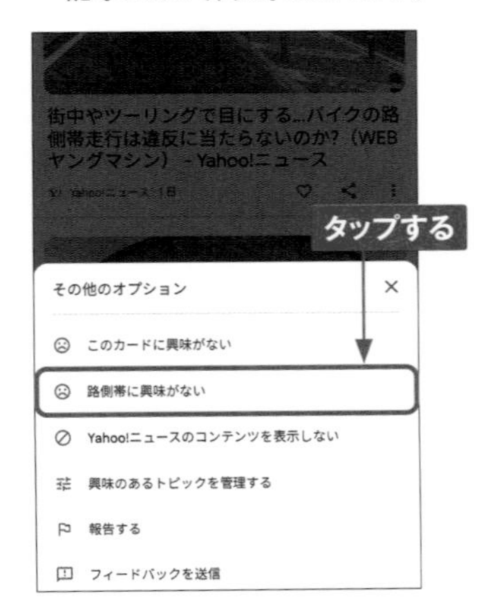

3 興味のないトピックは表示されなくなります。

MEMO 「Google」アプリからGoogle Discoverを見る

ホーム画面を右方向にスワイプする方法のほかに、「Google」アプリで [Discover] をタップすることで、Google Discoverを表示することもできます。

Section 037

コレクションに追加する

「Google」アプリ

「Google」アプリのコレクションには、Webページをフォルダごとに整理して保存することができます。いわゆるオンラインブックマーク機能ですが、Webページだけでなく、画像や場所も保存することができます。また、保存したコンテンツに応じて、ほかのコンテンツをおすすめする機能や共有機能もあります。

1 「Google」アプリでコレクションに追加したいWebページを表示し、口をタップします。

2 初期設定では「お気に入りのページ」にWebページが追加されます。［編集］をタップします。

3 ［コレクションを作成］をタップします。

4 コレクション名を入力して、［作成］をタップすると、新規コレクションにWebページが保存されます。

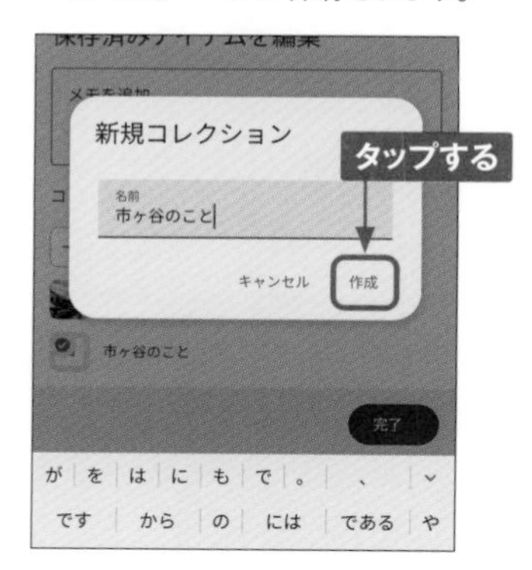

2

「Google」アプリ

最近検索したWebページを確認する

「Google」アプリで検索したり、Google Discover（Sec.035参照）で見たりしたWebページは、あとから「Google」アプリの「検索履歴」で確認することができます。

1 「Google」アプリを起動して、右上のアカウントアイコンをタップします。

2 ［検索履歴］をタップします。

3 最近検索したWebページが表示されます。画面を上下にスワイプして確認します。［削除］をタップすると、削除する検索履歴の範囲を指定することが可能です。

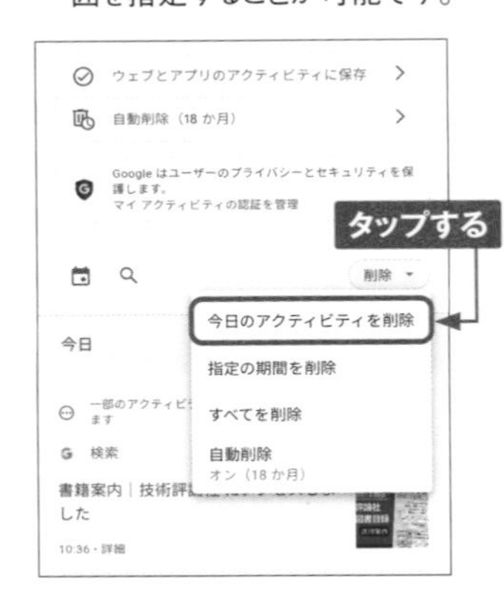

TIPS Web履歴をまとめて削除する

Chromeの利用履歴も含めて、Googleアカウントで検索、表示したWeb履歴は、「検索履歴」から確認したりまとめて削除したりすることができます（Sec.043参照）。

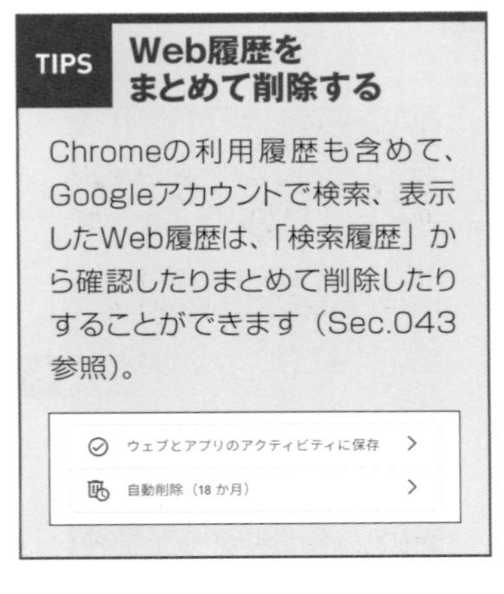

Section 039

Googleレンズで似た製品を調べる

「Googleレンズ」

Googleレンズは、カメラで対象物を認識・分析することで、関連する情報などを調べることができる機能です。ここでは、Googleレンズで似た製品を検索する例を紹介します。好みの製品に近いものを探したい場合などに活用するとよいでしょう。

1 Google検索ウィジェットの📷をタップします。

2 ［カメラで検索］をタップします。

3 検索の対象物にカメラを向けて、シャッターボタンをタップすると、検索結果が表示されます。

MEMO カメラへのアクセス許可

Pixel 7aでGoogleレンズを最初に使用する際は、カメラへのアクセスを許可する必要があります。

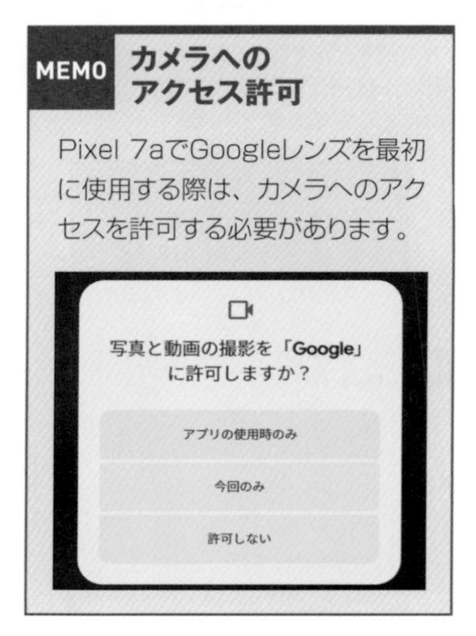

Section 040

Googleレンズで植物や動物を調べる

「Googleレンズ」

Googleレンズでは、植物や動物を認識することができます。類似した種別がある場合は複数の候補が表示されます。公園や森などで、名前を知らない植物や動物を見つけたときに活用するとよいでしょう。

1 P.55手順**2**の画面で、カメラを植物や動物に向け、シャッターボタンをタップします。

2 候補が表示されるので、いずれかの候補をタップします。

3 詳細が表示されます。

TIPS QRコードを読み取る

カメラをQRコードに向けて、表示されたURLやコンテンツ名をタップするとWebページが表示されます。

Section 041

「Googleレンズ」

Googleレンズで活字を読み取る

Pixelのカメラを文書にかざすと、活字を読み取ってテキスト化することができます。読み取れなかった文字は、AI機能により前後の文字や文脈から補完されるので、精度の高い文字起こしが可能です。テキストをパソコンに直接コピーすることもできます。

1 P.55手順2の画面で［文字認識］をタップして、シャッターボタンをタップします。

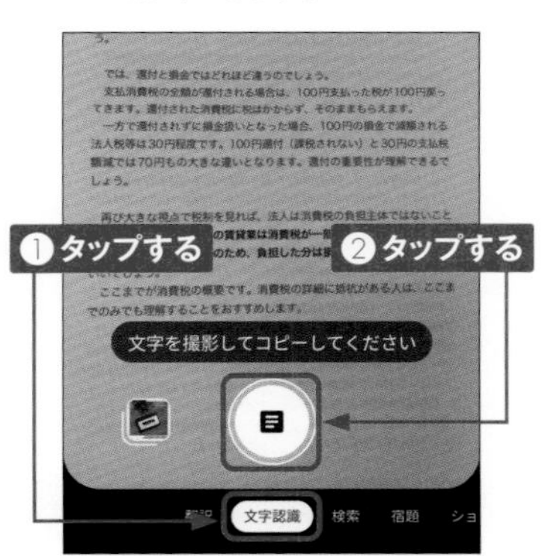

2 認識したテキストがハイライト表示になるので、テキストの範囲をなぞって選択するか、［すべて選択］をタップします。

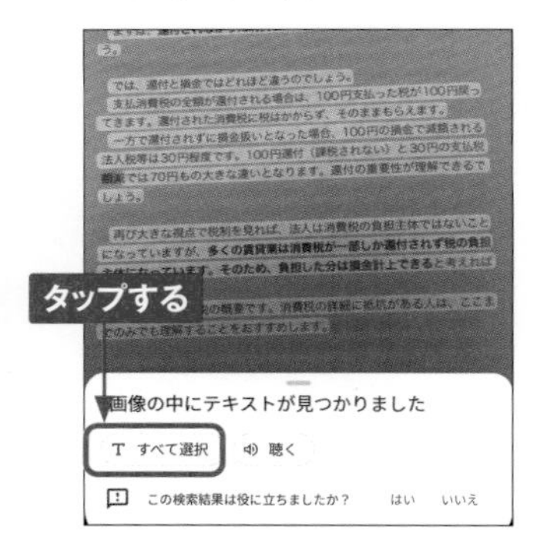

3 ［テキストをコピー］をタップすると、テキストとしてコピーされ、ほかのアプリにペーストして利用することができます。

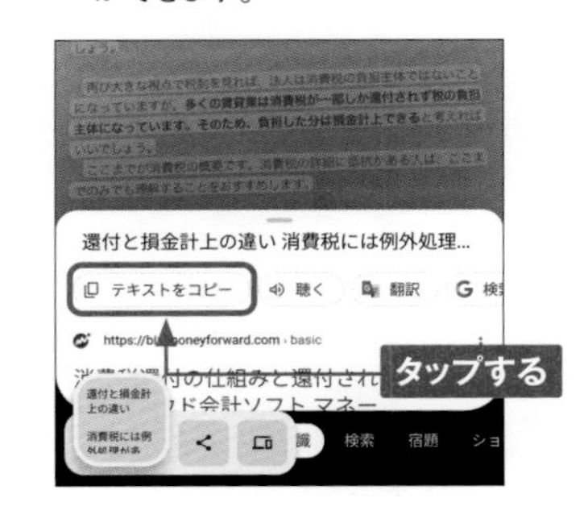

TIPS パソコンにテキストをコピーする

手順3の画面で［パソコンにコピー］をタップすると、パソコンにテキストをコピーすることができます。パソコンのChromeがPixelと同じGoogleアカウントでログインしていることが条件になります。

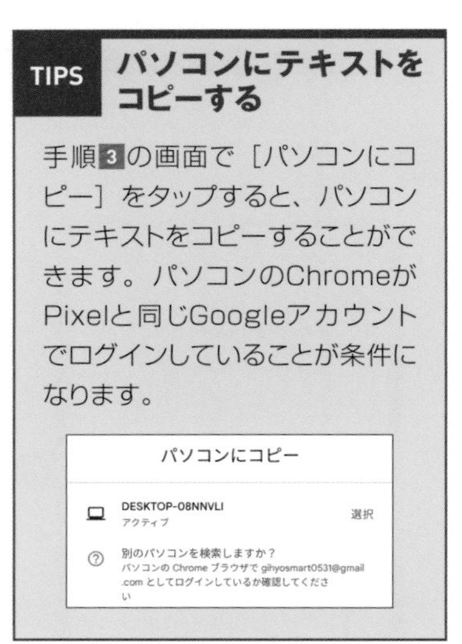

Section 042

「Google」アプリ

Googleアカウントの情報を確認する

Googleアカウントの情報は、「Google」アプリなど、Google製のアプリから確認することができます。登録している名前やパスワードの確認と変更や、プライバシー診断、セキュリティの確認などを行うことができます。

Googleアカウントの情報を確認する

1 「Google」アプリを開き、右上のアカウントアイコンをタップします。

2 [Googleアカウントを管理]をタップします。

3 Googleアカウントの管理画面が表示されます。

4 タブをタップするとそれぞれの情報を確認できます。

Section 043

「Google」アプリ

アクティビティを管理する

Googleアカウントを利用した検索、表示したWebページ、視聴した動画、利用したアプリなどの履歴を「アクティビティ」と呼びます。「Google」アプリで、これらのアクティビティを管理することができます。ここでは例として、Web検索の履歴の確認と削除の方法を解説します。

1 P.58手順**2**の画面で［検索履歴］をタップします。

2 画面下部に、直近のWeb検索と見たWebページの履歴が表示されます。画面を下にスクロールすると、さらに過去の履歴を見ることができます。×をタップすると履歴を削除できます。

TIPS アクティビティをもっと見る

手順**2**の画面で［管理］をタップすると、「ウェブとアプリのアクティビティ」で、アプリの利用履歴を確認することができます。また、利用履歴の保存をオフにすることも可能です。

検索履歴
履歴　管理　その他
ウェブとアプリのアクティビティの設定がオンになっているため、お使いの Google アカウントに検索履歴が保存されます。
ウェブとアプリのアクティビティ
Google マップや Google 検索などの Google サービスにおいて、検索の高速化、おすすめ機能の精度向上、カスタマイズの充実を図るため、Google のサイトやアプリでのアクティビティを保存します。これには、位置情報などの関連情報も含まれます。詳細
オン　オフにする
アカウントを作成した 2023年5月31日

Section 044

プライバシー診断を行う

「Google」アプリ

Googleアカウントには、ユーザーの様々なアクティビティやプライバシー情報が保存されています。プライバシー診断では、それらの情報の確認や、情報を利用した後に削除するように設定することができます。プライバシー診断に表示される項目は、Googleアカウントの利用状況により変わります。

1 P.58手順4の画面で、[データとプライバシー]をタップし、「プライバシーに関する提案が利用可能」の[プライバシー診断を行う]をタップします。

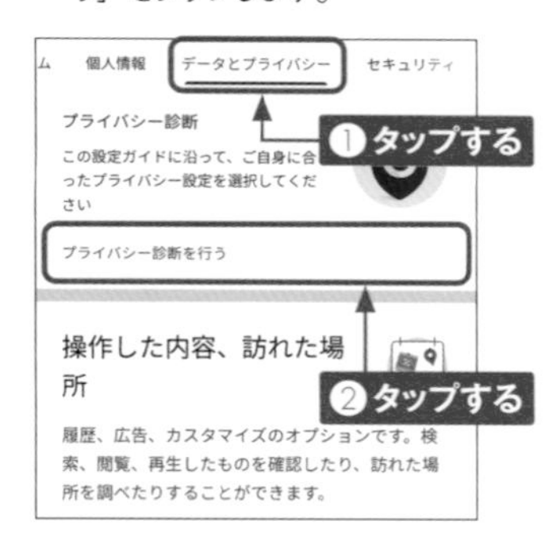

MEMO プライバシーに関する提案

手順1の画面が表示されずに、「プライバシーに関する提案」が表示された場合は、タップして確認します。

2 ウェブとアプリのアクティビティの設定の確認と変更を行うことができます（Sec.043参照）。

3 ロケーション履歴の設定の確認と変更を行うことができます。

4 YouTube利用履歴の確認と変更を行うことができます。

5 広告のカスタマイズ方法の確認と変更を行うことができます。

6 公開するプロフィール情報の確認と変更を行うことができます。

7 YouTubeで共有する情報の設定の確認と変更を行うことができます。

8 プライバシー診断を終えたら、[Googleアカウントを管理] をタップして、手順**1**の画面に戻ります。

2

「Google」アプリ

Googleサービスの利用状況を確認する

Googleアカウントで利用しているサービスの利用状況は、WebのGoogleダッシュボードで確認し、設定を変更することができます。Googleアカウントでログインしていれば、PCのWebブラウザから利用することもできます。

1 Chromeで検索を行い、検索された［Googleダッシュボード］をタップします。

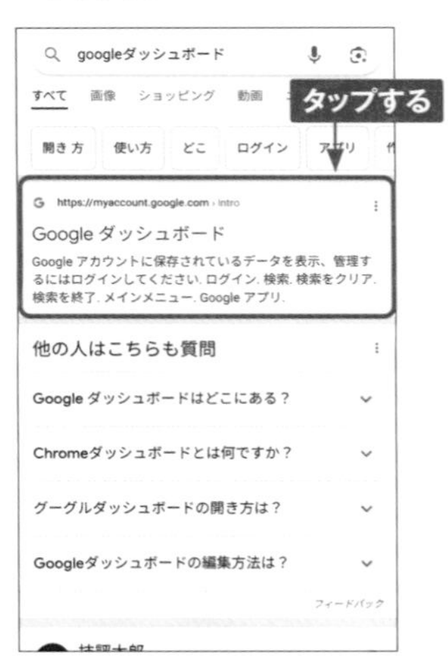

2 Googleダッシュボードにサービスの利用状況が表示されます。

TIPS デジタル遺産の管理

アカウントの無効化管理ツールを使うと、Googleアカウントを一定期間利用していなかった場合に、アカウントを削除するか、残ったデータの取り扱いをどうするかなどのプランを設定することができます。P.60手順1の画面の下部にある［デジタル遺産に関する計画］をタップして設定します。

アカウント無効化管理ツール

ご利用の Google アカウントを使用できなくなった場合のデータの取り扱いの設定

アカウントが長期間使用されていないと判断するまでの期間と、その期間が過ぎた後にデータをどう取り扱うかを指定してください。信頼できるユーザーにデータを公開するか、Google 側でデータを削除するよう設定できます。詳細

開始する

Section 046

「設定」アプリ

Googleアカウントの同期状況を確認する

Googleアカウントは、さまざまなサービスやアプリと同期されます。たとえば、Gmailやカレンダーを同期しておくと、レストランの予約メールを受信すると自動的にGoogleカレンダーに追加されます。また連絡先を同期しておくと、ほかの機器からも連絡先を利用できるようになります。

1 「設定」アプリを開き、[パスワードとアカウント]をタップします。

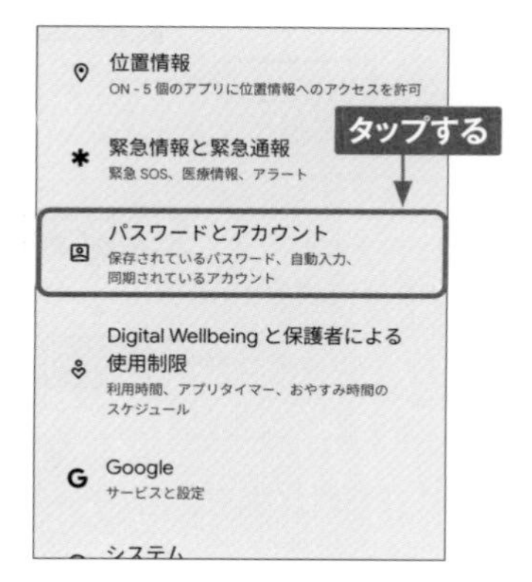

2 Googleのアカウント名をタップします。

3 [アカウントの同期]をタップします。

4 Googleアカウントの同期状況が表示されます。それぞれの項目をタップして、同期のオン/オフを切り替えます。

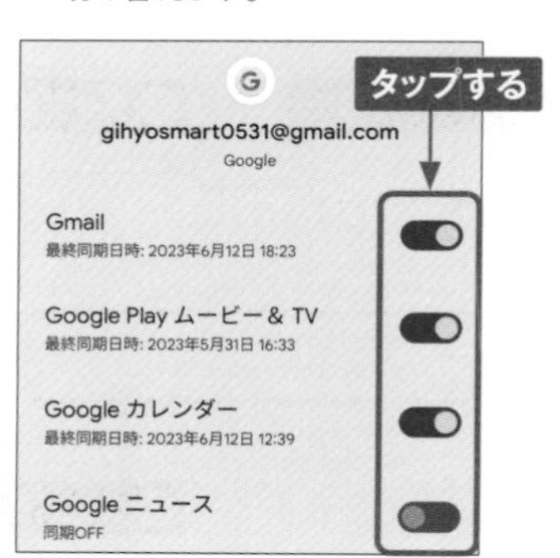

Section 047

「設定」アプリ

Googleアカウントに2段階認証を設定する

2段階認証とは、ログインを2段階にしてセキュリティを強化する認証のことです。Googleアカウントの2段階認証プロセスをオンにすると、指定した電話番号に認証コードが送信され、Googleアカウントへのログイン時にその認証コードが求められるようになります。

1 「設定」アプリを開き、[パスワードとアカウント]→Googleのアカウント名→[Googleアカウント]の順にタップします。

2 タブを左方向にスワイプし、[セキュリティ]→[2段階認証プロセス]→[使ってみる]の順にタップし、ログインして[続行]をタップします。

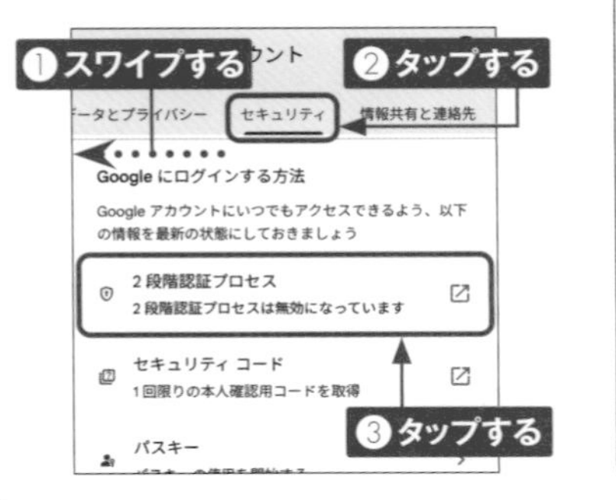

3 認証コードを受け取る電話番号を入力し、[送信]をタップします。

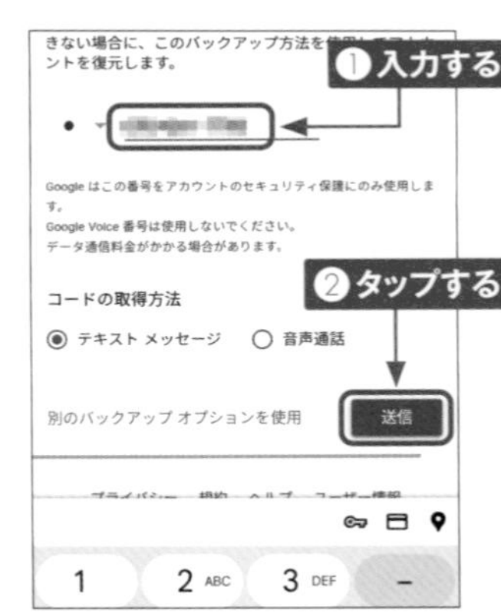

4 手順3で入力した電話番号に送られる認証コードを入力し、[次へ]→[有効にする]の順にタップします。

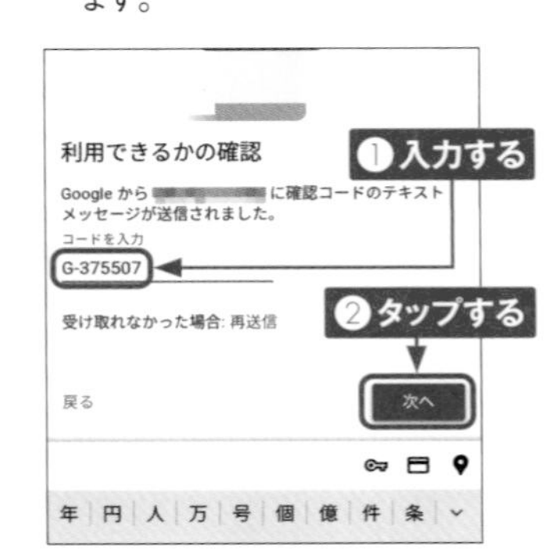

Section 048

複数のGoogleアカウントを使う

「設定」アプリ

Pixelには、複数のGoogleアカウントを登録することができます。個人で複数のGoogleアカウントを作ると、Gmail、Googleフォト、Googleドライブなどのサービスを複数利用することができます。プライベートと仕事で使い分けたいときなどに便利です。なお、Pixel本体のデータは共有されます。

1 「設定」アプリを開いて、[Google]をタップします。自分のGoogleアカウント名をタップします。

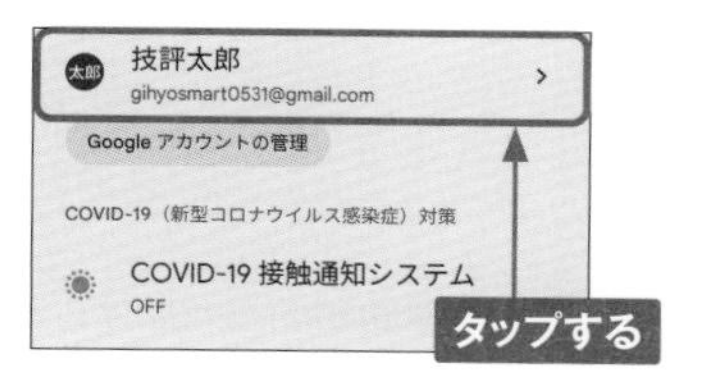

2 [別のアカウントを追加]をタップし、ロック解除の操作を行います。

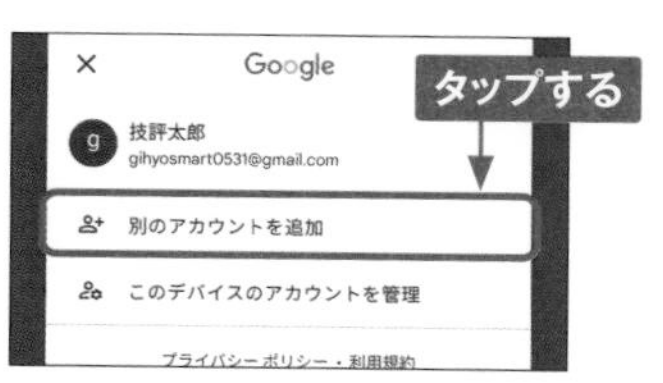

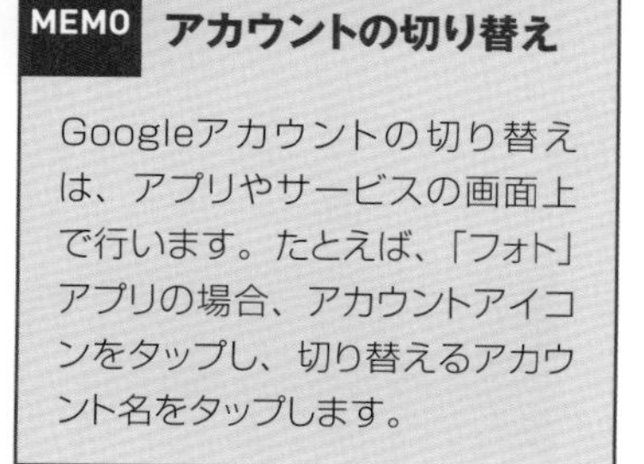

MEMO アカウントの切り替え

Googleアカウントの切り替えは、アプリやサービスの画面上で行います。たとえば、「フォト」アプリの場合、アカウントアイコンをタップし、切り替えるアカウント名をタップします。

3 取得済みのGoogleアカウント、または新規のメールアドレスを入力し、[次へ]をタップします。

4 パスワードを入力し、[次へ]→[スキップ]→[同意する]の順にタップします。

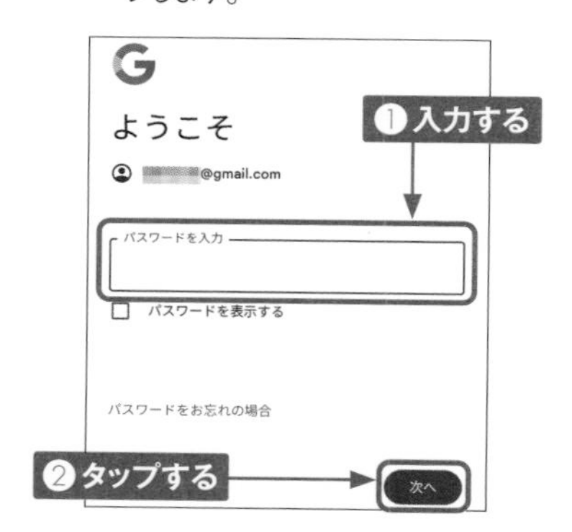

「設定」アプリ

Pixelをマルチユーザーで使う

別のユーザーを設定すると、1台のPixelを複数人で使うことができます。それぞれのユーザースペースは隔離されていて、アプリやサービスがほかのユーザーに利用されることはありません。本体設定などは共有されて、ほかのユーザーからも変更することができます。

1 「設定」アプリを開き、[システム]→[複数ユーザー]の順にタップします。

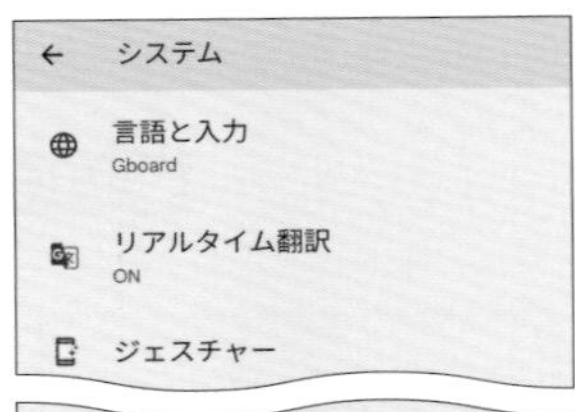

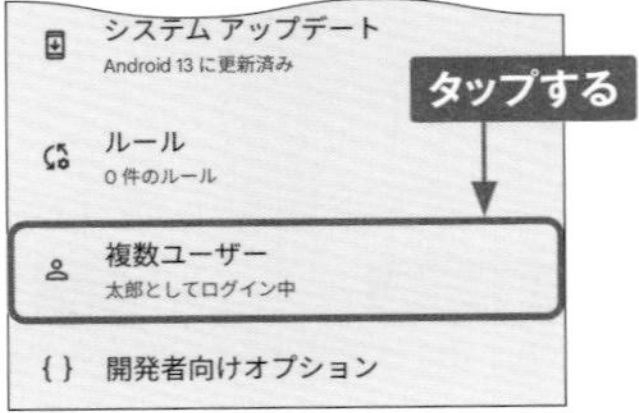

2 [複数ユーザーを許可する]をタップしてオンにして、[ユーザーを追加]をタップします。次の画面を確認して[OK]をタップします。

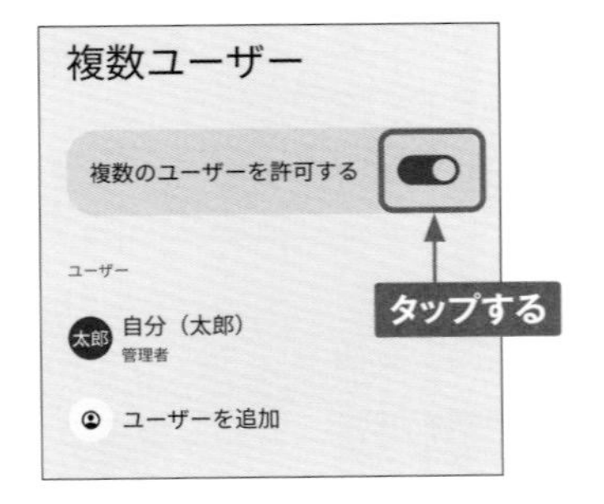

3 新しいユーザーの名前を入力します。

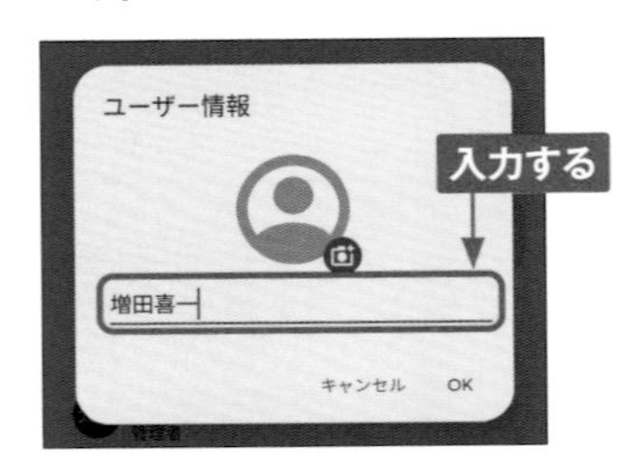

4 [〜に切り替え]をタップすると、新しいユーザーに切り替わります。Googleアカウントの入力（または新規取得）やセットアップを行います。

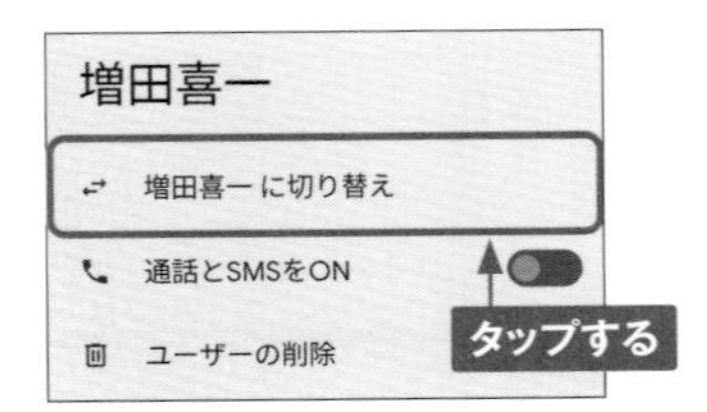

5 ユーザーの切り替えは、ホーム画面のクイック設定の下部に表示されるボタン■から行います。

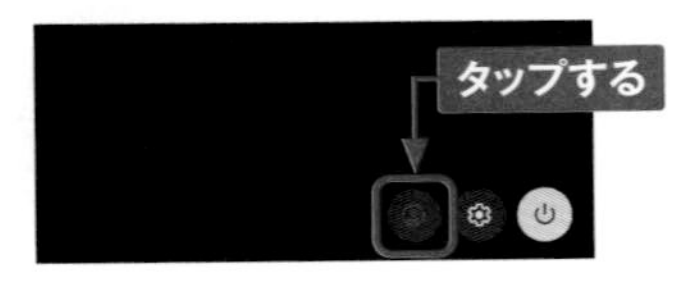

写真や動画、音楽の便利技

Section 050

「カメラ」アプリ

カメラを使いこなす

Pixelは、高画質な写真を撮影することができます。AI機能により、常に最適な画像処理が行われます。またライブHDR+により、画面（ビューア）に撮影後の写真に近い画像が表示されます。

「カメラ」アプリの画面

タップすると、設定パネルが表示されます。そのときのモードによって、モーション機能、タイマー、フラッシュ、動画のフレーム数などの設定を行うことができます。

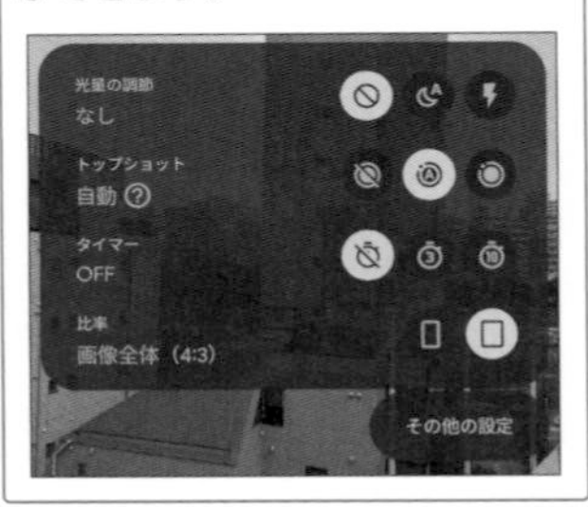

背面カメラ／前面カメラが切り替わります。

サムネイルから、直前に撮った写真を確認することができます。SNSなどのアプリを起動して、すぐに写真を共有することもできます。

画面を左右にスワイプすると、モードが切り替わります。

●Pixelシリーズのズーム倍率比較

Pixel 7a	光学0.5～2倍	デジタル8倍
Pixel 7	光学0.7～2倍	デジタル8倍
Pixel 6a	光学0.6～2倍	デジタル7倍

カメラの設定を変更する

前ページの設定パネル右下にある［その他の設定］をタップすると、設定メニューが表示されます。この設定メニューで、位置情報の保存や解像度など、カメラに関するさまざまな設定が可能です。以下はPixel 7aの項目です。

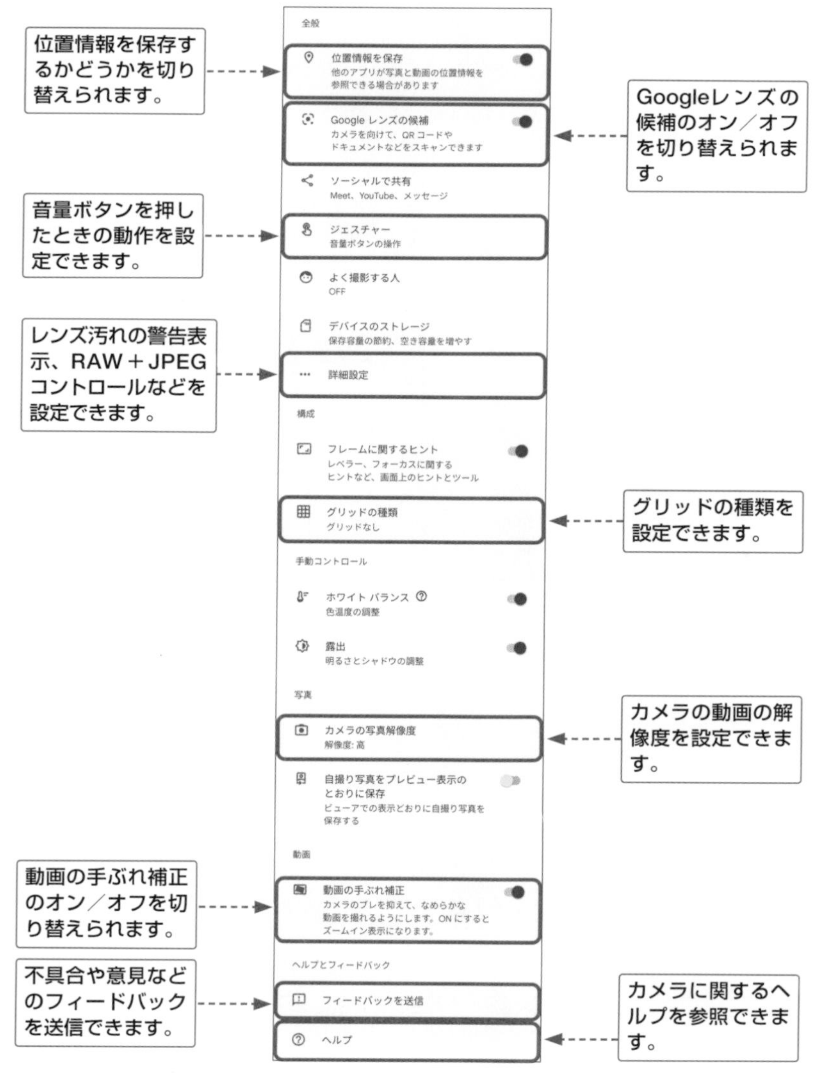

写真を撮影する

「カメラ」アプリ

「カメラ」アプリ起動して、フォーカスをあわせたい箇所をタップすると、最適なフォーカスと露出に自動的に調整されます。2つの露出スライダー、色温度スライダー、水準線が表示されるので、必要に応じて調整してからシャッターを切ります。

ズームする

1 ビューアの下にある［.7］をタップすると超広角に、［2］をタップすると光学2倍に倍率が切り替わります。

2 画面をピンチアウト／ピンチインすると、0.7～8の範囲で倍率を調整できます。ズームスライダーをドラッグして調整することもできます。

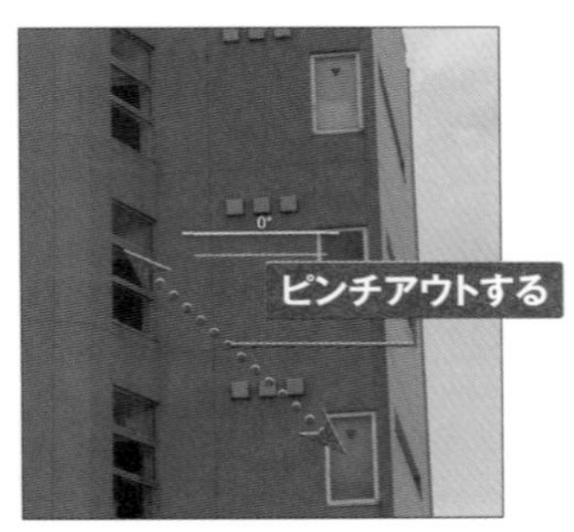

※倍率はPixel7aの場合

露出を調整する

1 「明るさスライダー」を上にドラッグすると、露出が調整されて全体が明るくなります。

2 「シャドウスライダー」を上にドラッグすると、暗い部分だけが明るく調整されます。

Section 052

「カメラ」アプリ

トップショットで前後の写真も撮影する

シャッターを切る前後の動きも合わせて撮影するのがトップショットです。よく撮れたショットを選んで切り出し保存することができます。トップショットは、動画ではなく複数枚の画像なので、保存容量が大きくなります。

1 カメラを起動して、画面を下にスワイプします。[トップショット]の◉をタップしてオンにします。

2 ◎をタップして撮影します。

3 サムネイルをタップするか、「フォト」アプリで見ると、動画のように連続して再生されます。画面を上方向にスワイプします。

4 [この写真のショット]をタップすると、連続したショットが表示されます。おすすめのショットには●がついています。ショットを選んでタップし、[コピーを保存]をタップして保存します。

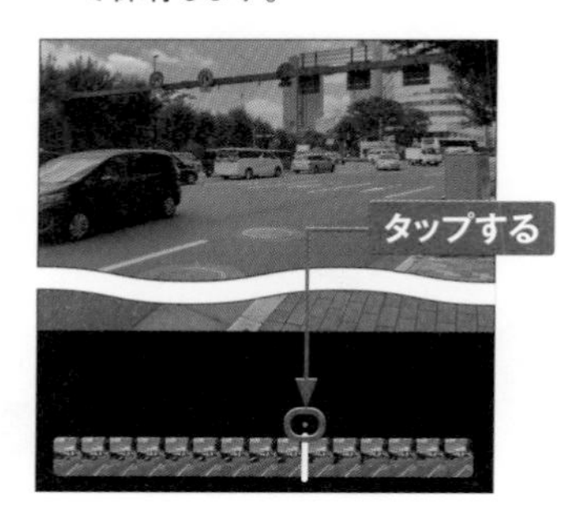

3

Section 053

360度写真を撮影する

「カメラ」アプリ

Pixel 7aでは、AIを活用したパノラマ写真、360度写真の撮影が可能です。ここで紹介する360度写真では、周囲の上下左右360度をすべて1枚の写真に収めることができます。写真を確認するには、専用のソフトやサービスを利用する必要がありますが、立体的によりリアルな風景を体験することができます。

1 画面を左右にスワイプして［モード］にし、［360°写真］をタップします。

2 ◎をタップして、青色の丸が白色の丸に入るようにしながら、撮影者が360度回って撮影を行います。

3 「フォト」アプリで撮影した写真を表示し、上下左右スワイプすることで、立体的な360度写真を見ることができます。

MEMO 360度写真の閲覧

撮影した360度写真を他の人に見せたい場合は、Googleフォトで共有します（Sec.065参照）。Googleフォトでの共有ではなく、メールに添付して送った場合などは、360度写真ではなく、1枚の横長の写真として表示されます。

Section 054

長時間露光で撮影する

「カメラ」アプリ

Pixel 7aの長時間露光撮影は、シャッター速度を遅くして、動いている被写体の軌跡を撮影します。夜の自動車を撮影すると、ライトが光線のようになります。通常は、三脚を利用してカメラを固定して撮影しますが、Pixelではデジタル処理で実現しています。

1 画面を左右にスワイプして［モーション］モードにします。［長時間露光］をタップして撮影します。

2 「フォト」アプリで撮影した写真を表示します。写真の下にあるサムネイルをタップすると、通常の写真と、長時間露光の写真を見比べることができます。

●通常の写真

●長時間露光

3

Section 055

「カメラ」アプリ

ポートレートモードで撮影する

ポートレートモードでは、一眼レフカメラのように背景がボケて被写体が引き立つ写真が撮影できます。広角レンズを搭載しているため、複数人での撮影にも適しています。

1 画面を左右にスワイプして［ポートレート］モードにして撮影します。

2 「フォト」アプリで撮影した写真を見ることができます。

3 ポートレートモードの写真は、手順**2**の画面で［編集］をタップすると、［候補］に［カラーポップ］が表示されます。タップすると、被写体がカラーのまま、背景がモノクロになった印象的な写真にできます。

TIPS 前面／背面カメラを切り替える

「カメラ」アプリを起動した状態で、Pixelを持った手を2回ひねると、前面カメラと背面カメラを切り替えることができます。「設定」アプリ→［システム］→［ジェスチャー］→［ひねる動作で前後のカメラを切り替え］をタップすると、確認できます。

3

Section 056

「カメラ」アプリ

夜景モードで撮影する

夜景モードでは、夜景を明るく鮮やかに撮影することができます。ただし、通常の撮影よりも時間がかかるため、しばらく本体を動かさずに撮影する必要があります。なお、Pixelのカメラは通常のカメラモードでも明るく撮影できるため、イルミネーション程度なら、夜景モードを使わなくとも綺麗に撮影することができます。

1 画面を左右にスワイプして、[夜景モード]に切り替えます。◉をタップして撮影を開始します。

2 本体を動かさずにしばらく待つと、撮影が完了します。

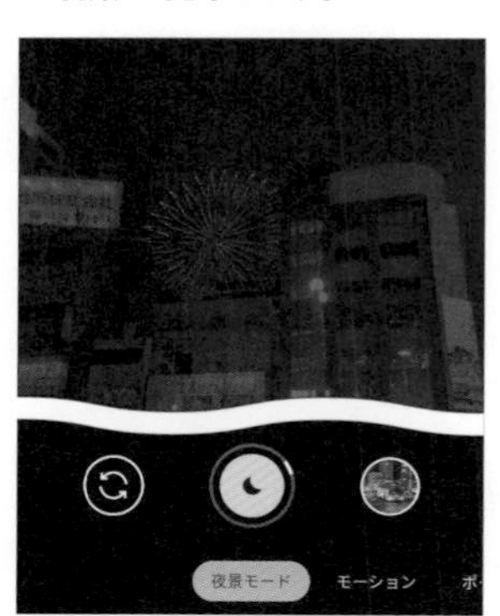

3 「フォト」アプリで、夜景が鮮明に撮影できていることを確認できます。

MEMO 星空を撮影する

天体写真機能は、夜景モードが強化された、ほかのスマートフォンにはない機能です。三脚などでPixelを動かないように固定して、画面に[天体写真機能ON]と表示されたら、撮影を開始します。

Section 057

動画を撮影する

「カメラ」アプリ

「カメラ」アプリは、静止画と同様に、動画でも高画質な撮影ができます。ズーム機能や手ぶれ補正機能もそのまま使えます。通常は、動画モードに切り替えて撮影しますが、カメラモードのまま、シャッターボタンを長押しして動画を撮ることもできます。長押ししている間は撮影され、指を離すと撮影が終了します。

1 画面を左右にスワイプして［動画］モードにします。

2 ◉をタップして撮影を開始します。

3 ◙をタップして撮影を終了します。

4 右下のサムネイルをタップするか、「フォト」アプリで撮影した動画を再生することができます。

Section 058

「カメラ」アプリ

動画撮影の手ぶれを補正する

Pixelでは、手ぶれ補正で4つの種類から選択することができます。適切なものを選択して、動画を滑らかに撮影します。

1 画面を左右にスワイプして、動画モードにします。

2 をタップします。

3 手ぶれ補正の種類をタップして選択します。

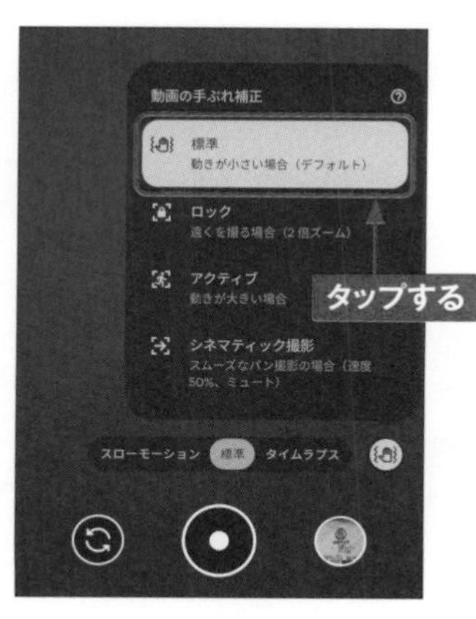

MEMO 手ぶれ補正の種類

標準	動きが小さい場合に選択します（デフォルト）。
ロック	遠くの静物を撮影する場合に選択します。
アクティブ	激しい動作を撮影する場合に選択します。
シネマティック撮影	映画のようなスムーズなパン撮影の場合に選択します。ステディカムで撮影したような雰囲気になります。

フォトスキャンで写真を取り込む

「フォトスキャン」アプリを使うと、古い写真や書類などをスキャンして画像にすることができます。一般的なスキャナーアプリに比べて操作がかんたんで、自動的に光の反射が除去できるなど、画像がきれいに取り込めるのが魅力です。

1 Playストアから「フォトスキャン」アプリをインストールして、開きます。

2 スキャンの方法が表示されるのを確認して、[スキャンを開始] をタップします。

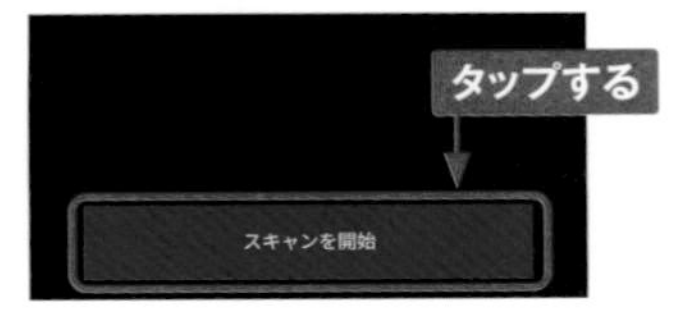

3 取り込む写真にカメラをかざして◎をタップします。

4 画面の指示に従って、円を四つのドットに順番に合わせてスキャンを行います。

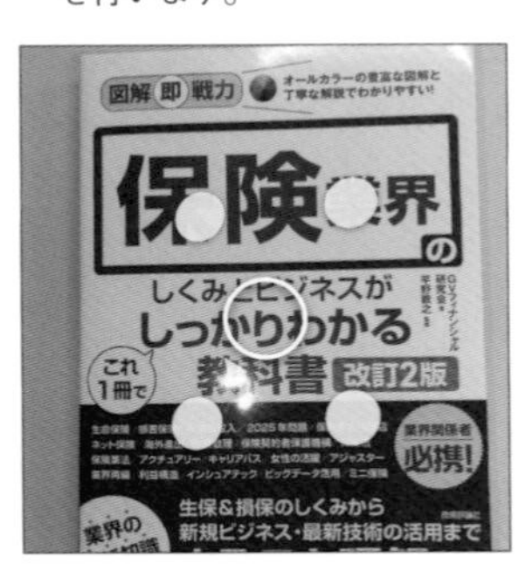

5 サムネイルをタップして、スキャンした画像をタップします。[角を調整] をタップして、トリミングを行います。

Section 060

「フォト」アプリを活用する

「フォト」アプリ

写真や動画を見たり管理したりするためのツールが「フォト」アプリです。
撮影した写真や動画は、日時や場所などのジャンルごとに自動的にグルーピングされ、Googleドライブにバックアップされます。検索機能を利用したり、アルバムを作って写真や動画を整理すると、さらに探しやすくなります。家族や知人とは，作ったアルバムを共有して、お互いに写真を追加しあうと楽しく使えます。
画像の編集機能（加工や効果の適用）では、その写真に最適な補正が提案されるほか、その写真におすすめの編集候補が表示されるので、ワンタップで魅力的な写真に仕上がります。消しゴムマジックでは写真に写り込んだものをかんたんに消したり、目立たなくすることができます。

「フォト」アプリで写真を表示して、［編集］をタップすると、その写真に適した編集（補正や効果）の候補が表示されます。

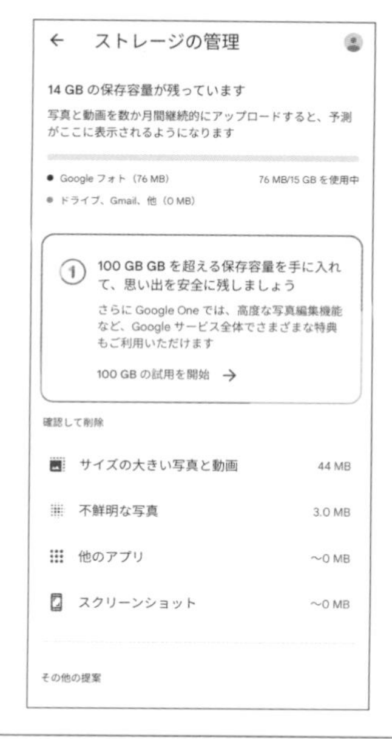

「フォト」アプリで、右上のアカウントアイコン→［アカウントの保存容量］をタップすると、Googleドライブへのバックアップ状況を確認することができます。

Section 061

「フォト」アプリ

写真を探す

撮影した写真はAI機能により、「フォト」アプリ内で、人物、撮影場所、被写体などのジャンルに分類されて探しやすくなっています。また、「フォト」アプリの検索機能を使うと、フリーのキーワードで写真を探したり、写真に写っている文字で探すことができます。

1 「フォト」アプリで［検索］をタップします。ジャンルごとに写真が分類されています。ジャンルを選んでタップします。

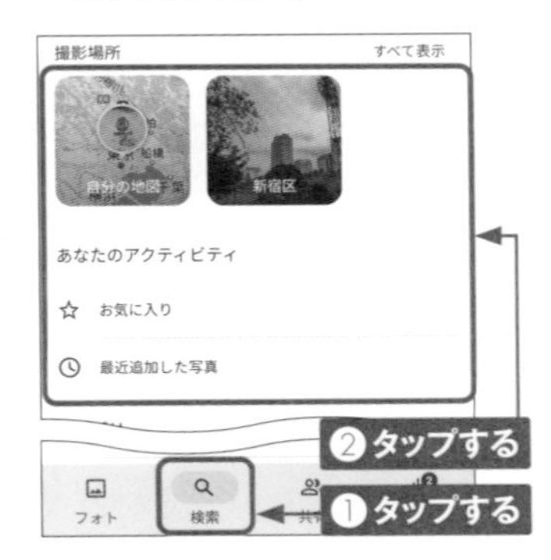

2 そのジャンルの写真が一覧表示されます。場所を選んだ場合は、上部に地図が表示されて写真の位置情報を確認することができます。

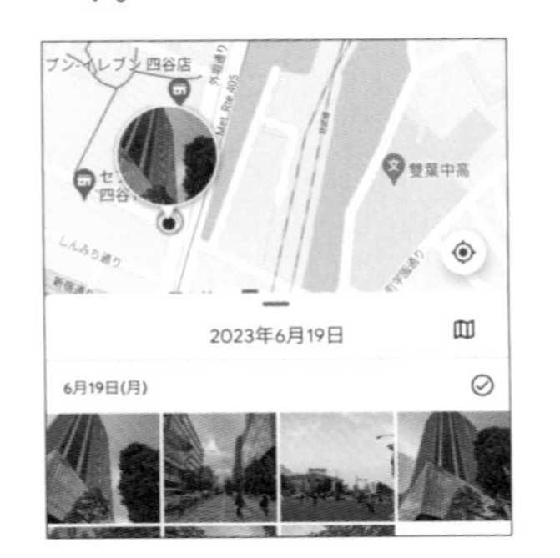

3 手順**1**の画面で検索ボックスをタップし、キーワードを入力すると写真が検索されます。

4 写真に写っている文字で検索することもできます。

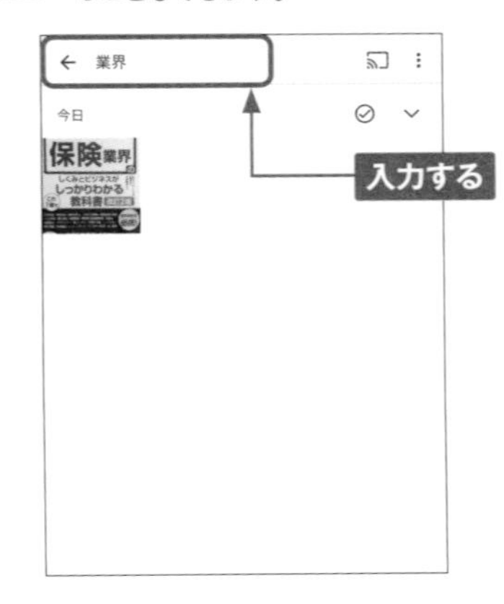

3

写真を編集する

「フォト」アプリ

「フォト」アプリは、写真をさまざまに編集（効果や加工）する画像処理機能を備えています。[補正] をタップすると、AIにより写真が最適に補正されます。また、写真を自動判別して編集の候補が表示されます。

編集候補と編集メニューを使う

1 「フォト」アプリで写真を表示して [編集] → [補正] をタップすると、写真が自動補正されます。[保存] をタップして、[保存] か [コピーとして保存] を選びます。

2 候補以外の編集を行う場合は、下段の編集メニューを左右にスワイプして選びます。

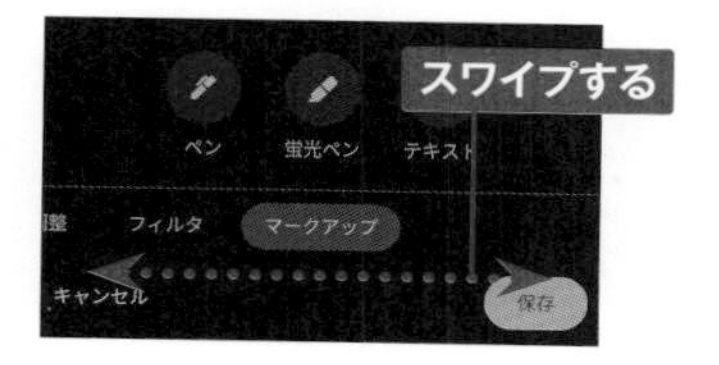

3 編集メニューの [切り抜き] では、写真の大きさの変更や、トリミング、回転などを行うことができます。

4 編集メニューの [調整] では、写真の明るさや色味の変更、ノイズの除去などを行うことができます。

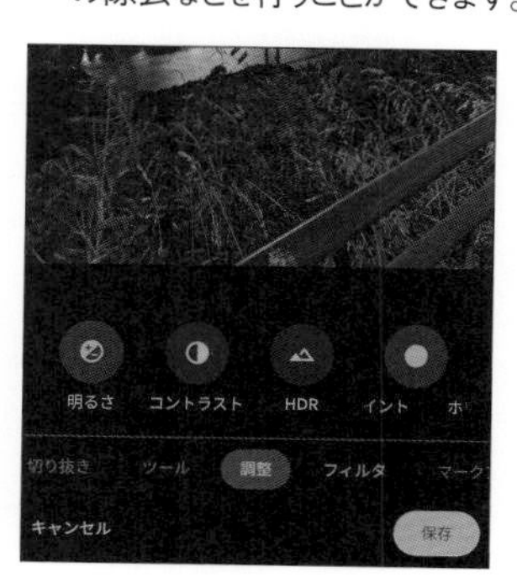

G フィルタをかける

写真にフィルタをかけると、写真の雰囲気変えたり、美しくより魅力的な写真にすることができます。レトロなイメージになる「フィルム」や「VOGUE」、色味が強調される「ビビッド」「バザール」などのフィルタが用意されています。

1 写真を表示して［編集］をタップします。編集メニューを左にスワイプして［フィルタ］にします。

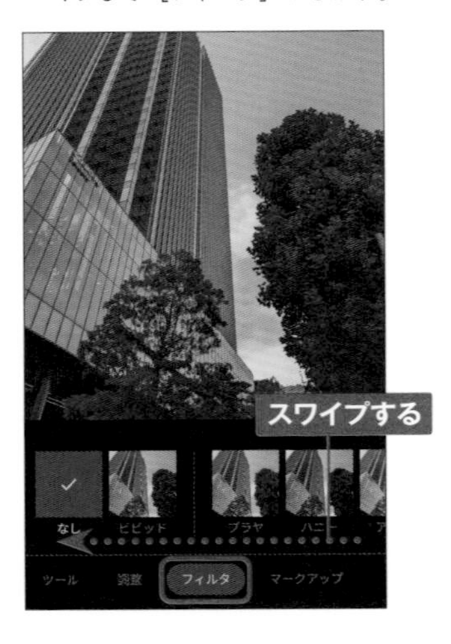

2 フィルタの種類を選んでタップすると、画面で効果を確認することができます。［保存］をタップして、［保存］か［コピーとして保存］を選びます。

● 「エッフェル」

● 「アルパカ」

消しゴムで不要なものを消す

「消しゴムマジック」を使うと、写真に写り込んでいる不要なものをかんたんに消去することができます。これまで、パソコンの画像編集ソフトでレタッチしていた作業が、Pixelで一瞬で自動的に行なうことができます。

1 写真を表示して［編集］をタップします。編集メニューを左にスワイプして［ツール］にして、［消しゴムマジック］をタップします。

2 消去する候補がある場合は自動検出されてハイライト表示されます。消したいものを選んでタップするか、［すべてを消去］をタップします。

3 写真から不要なものが消去されます。［完了］をタップして、場合に応じて［キャンセル］か［コピーを保存］をタップします。

MEMO 消すものを選ぶ

消去する候補がない場合や、ほかに消したいものがある場合は、消したいものを指でなぞるか、なぞって囲んで選択します。

G カモフラージュで目立たなくする

「カモフラージュ」を使うと、写真内で色味が違っていて目立つものを周囲の色になじませることができます。

1 P.83手順2の画面で[カモフラージュ]をタップし、目立たなくする箇所を指でなぞるか、なぞって囲んで選択します。

2 周囲の色になじんで目立たなくなります。

G ボケた写真を補正する

Pixel 7aの「ボケ補正」を使うと、手ぶれなどでボケた写真を補正してシャープにすることができます。

1 P.83手順1の画面で、[ボケ補正]をタップします。

2 ボケが補正されます。スライダーを左右にドラッグして補正の度合いを調節できます。また写真を長押しすると、元の写真を確認することができます。

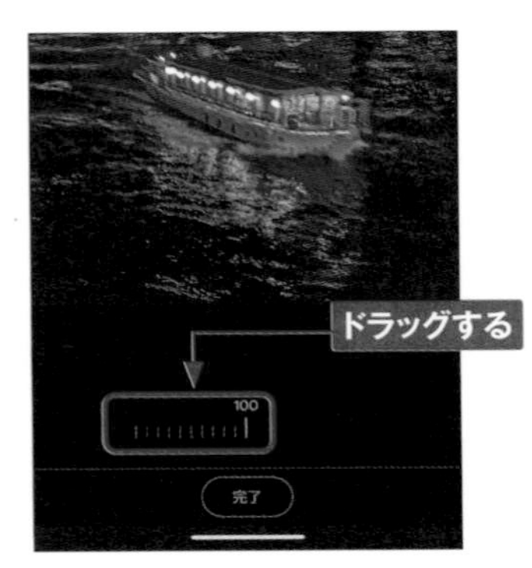

「フォト」アプリ

動画をトリミングする

「フォト」アプリでは、動画の編集を行うこともできます。動画の長さを自由にトリミングできるほか、手振れを補正したり、回転したりすることもできます。なお、編集した動画は新しいファイルとして保存されます。

1 「フォト」アプリで編集したい動画をタップして表示し、画面をタップして、[編集]をタップします。

2 ▯を左右にドラッグして、トリミングの範囲を選択します。

3 [フレーム画像をエクスポート]をタップすると、新しいファイルとして保存されます。

MEMO そのほかの編集機能

手順2の画面で▣をタップすると、手ぶれを補正することができます。一時停止して[フレーム画像をエクスポート]をタップすると、その場面を画像として保存することができます。

「フォト」アプリ

アルバムで写真を整理する

「フォト」アプリでは、写真や動画をまとめたアルバムを作成することができます。旅行や場所など、写真の種類ごとにアルバムを作成しておけば、目的の写真をすばやく開いたり、アルバムごとにほかのユーザーと共有したりすることができるようになります。

1 「フォト」アプリで［ライブラリ］をタップします。初回は、［アルバムを作成］をタップします。次回からは「新しいアルバム」の＋をタップします。

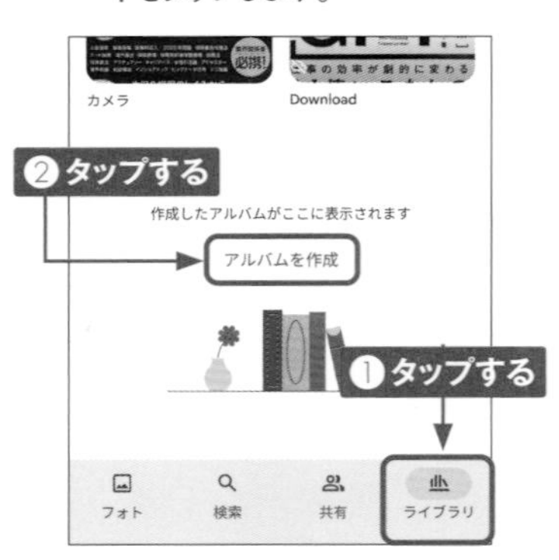

2 アルバムの名前を入力し、［写真を選択］をタップします。

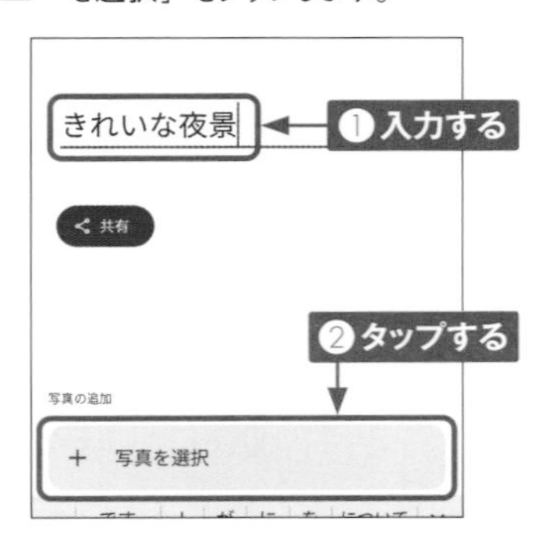

3 写真や動画をタップして選択し、［追加］をタップします。

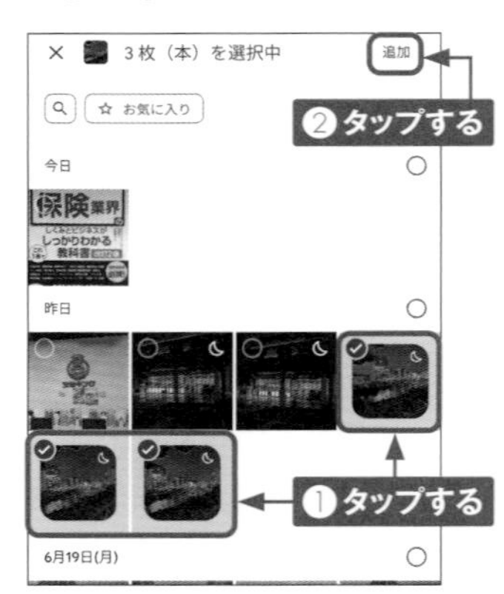

4 アルバムが作成されます。

紙面版

電脳会議

DENNOUKAIGI

一切無料

今が旬の書籍情報を満載してお送りします！

『電脳会議』は、年6回刊行の無料情報誌です。2023年10月発行のVol.221より**リニューアル**し、**A4判・32頁カラー**と**ボリュームアップ**。弊社発行の新刊・近刊書籍や、注目の書籍を担当編集者自らが紹介しています。今後は図書目録はなくなり、『電脳会議』上で弊社書籍ラインナップや最新情報などをご紹介していきます。新しくなった『電脳会議』にご期待下さい。

「フォト」アプリ

写真やアルバムを共有する

「フォト」アプリは、写真や動画、アルバムをGoogleアカウントを持っているユーザーと共有することができます。メールやSNSアプリを使わずに、「フォト」アプリで送信と受信が完結します。またアルバムを共有した場合は、共有相手も写真の追加などを行うことができます。

写真を共有する

1 「フォト」アプリで写真やアルバムを表示して、［共有］をタップします。表示された共有先の候補を選んでタップします。［その他］をタップすると、ほかの連絡先が表示されます。

2 ［送信］をタップします。

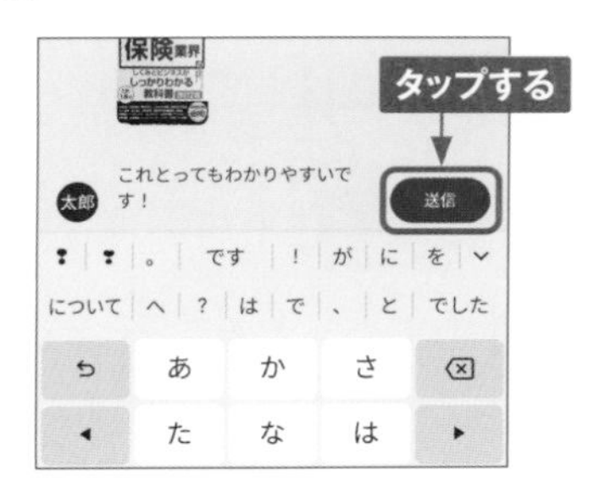

3 共有相手に通知が届きます。共有相手は「フォト」アプリを開いて、［共有］をタップし、届いたメッセージをタップします。

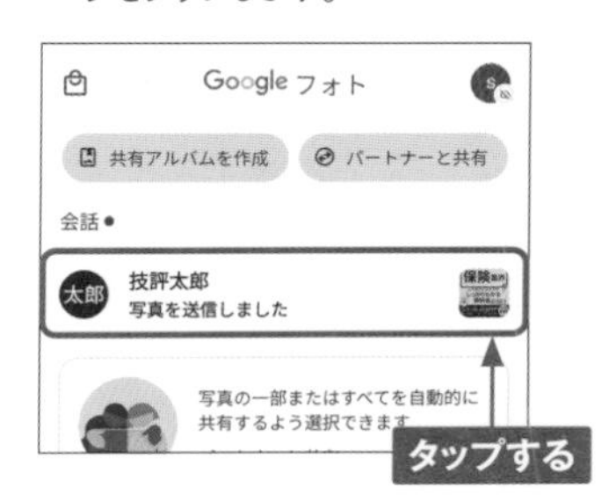

4 送信した写真が表示されるので、必要に応じて［保存］をタップします。

G 写真をリンクで共有する

共有相手がGoogleアカウントを持っていない場合は、写真のリンクをメールやメッセージ、SNSアプリで送信して写真を共有します。相手がリンクを開くとブラウザで写真が表示されます。相手がGoogleアカウントを持っている場合には、前ページと同様に「フォト」アプリで表示されます。

1 「フォト」アプリで写真やアルバムを表示して、[共有]をタップします。次の画面で[リンクを作成]をタップします。表示されていない場合は[その他]をタップします。

2 リンクの送信に使うアプリを選んでタップします。表示されていない場合は[その他]をタップします。

3 選んだアプリが開きます。送信相手を選んで、必要に応じてメッセージを追記して送信します。

4 リンクを受け取った相手はリンクをタップすると、写真が表示されます。

G 写真をニアバイシェアで共有する

写真の共有相手がAndroidユーザーで、近くにいる場合は、ニアバイシェアで写真を送ることができます。ニアバイシェアは、Bluetoothで同期をとり、Wi-Fiを利用してデータを送信します。送受信の際には、相手をよく確かめて間違えないようにしましょう。

1 「フォト」アプリで写真やアルバムを表示して、[共有]をタップし、次の画面で[ニアバイシェア]をタップします。表示されていない場合は[その他]をタップします。

2 ニアバイシェアがオンになり、ニアバイシェアを有効にしている付近のAndroidを探します。

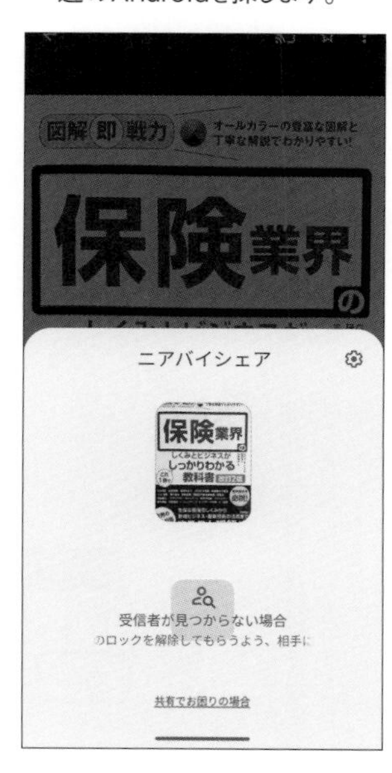

MEMO ニアバイシェアをオンにする

ニアバイシェアを利用するには、共有相手もニアバイシェアをオンにしておく必要があります。ニアバイシェアのオン／オフはクイック設定で切り替えることができます。また、「設定」アプリ→[Google]→[デバイス、共有]→[ニアバイシェア]で、オン／オフのほかに、公開設定を変更することができます(P.145MEMO参照)。

3 見つかった送信先をタップします。

4 受信側は、[承認する] をタップします。

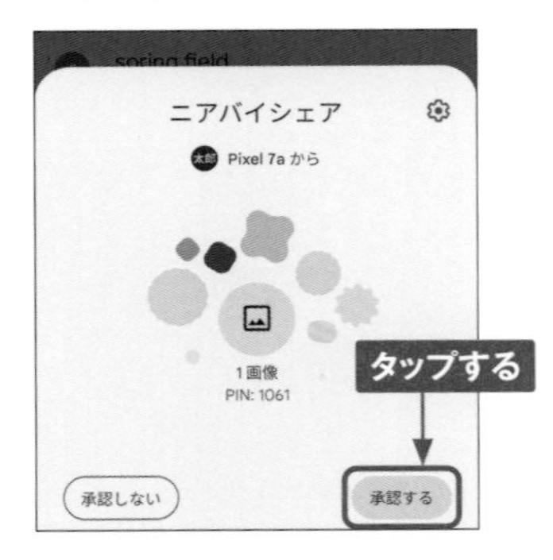

5 [開く] をタップします。

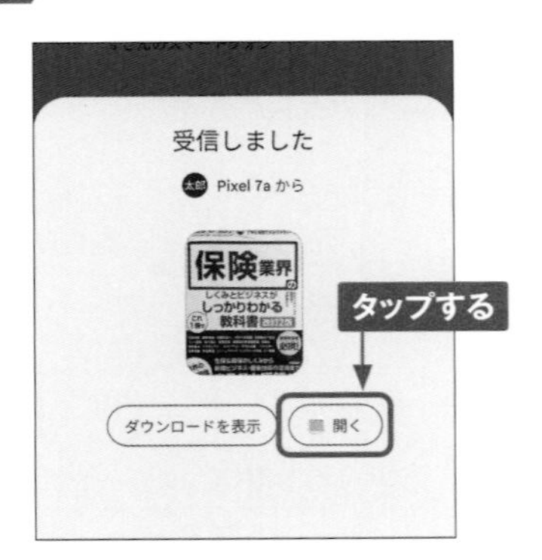

6 受信した写真が「Files」アプリで表示されます。

7 受信した写真は「Files」アプリの「ダウンロード」や、「フォト」アプリの「ライブラリ」→「Download」で確認することができます。

Section 066

「フォト」アプリ

写真をパートナーと共有する

「フォト」アプリでは、写真やアルバム単位の共有とは別に、特定の日付以降の写真や、特定の人物が写った写真などを共有することもできます。共有の招待状を送信し、相手が承諾すると共有が始まります。家族や親しい友人と旅行の写真を共有したい場合などに活用するとよいでしょう。

1 「フォト」アプリで［共有］をタップし、［パートナーと共有］をタップします。

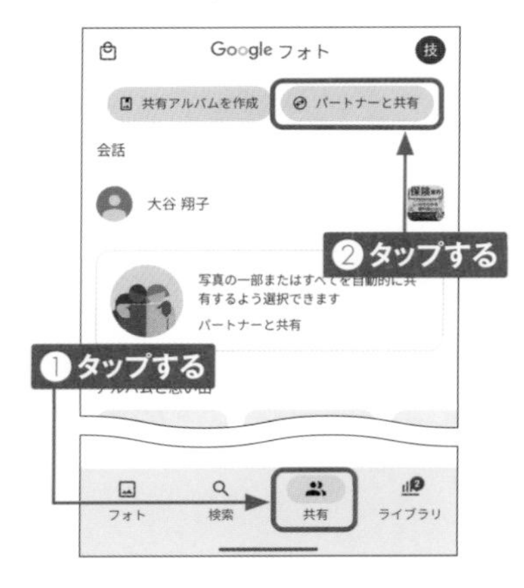

2 ［特定の日付以降］をタップすると、日にちを指定できます。

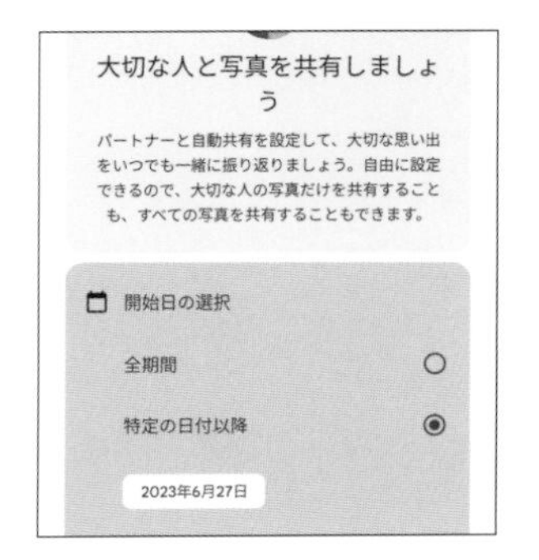

3 ［選択した人が含まれている写真］をタップすると、「フォト」アプリ内にある人物をピックアップすることができます。

4 ［共有パートナーを選択］をタップします。

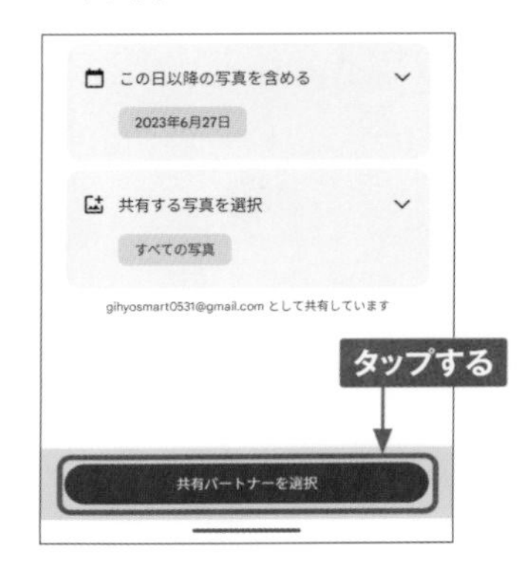

5 パートナーを選んでタップします。パートナーが表示されないときは、名前やGoogleアカウントを入力します。

6 ［確認］をタップすると招待状が送信されます。

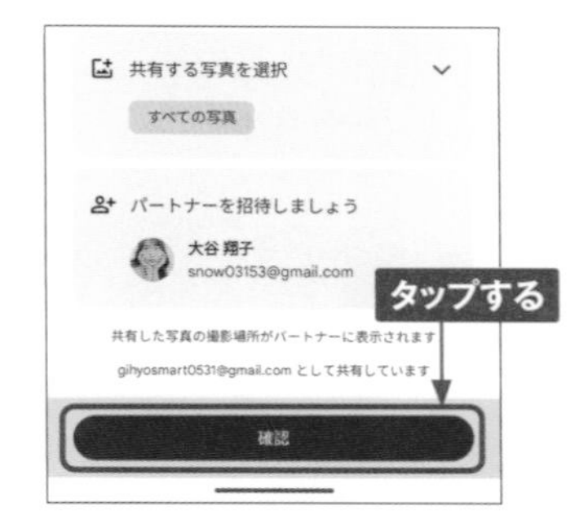

7 パートナーに通知が届きます。通知をタップして［招待状を表示］をタップし、次の画面で［承諾］をタップします。

8 パートナー側に、共有した写真が表示されます。

9 パートナーが画面右上の⋮をタップすると、共有した写真についての設定を行うことができます。

Section 067

「フォト」アプリ

写真をロックされたフォルダに保存する

プライベートな写真や人に見られたくない写真は、「フォト」アプリのロックされたフォルダに保存しましょう。保存した写真は「フォト」や「アルバム」には表示されず、検索できません。また、Googleドライブにもバックアップされません。ロックされたフォルダは、Pixelの画面ロック解除の操作で開くことができます。

1 「フォト」アプリを開き、[ライブラリ] → [ユーティリティ] → [ロックされたフォルダ] の順にタップします。

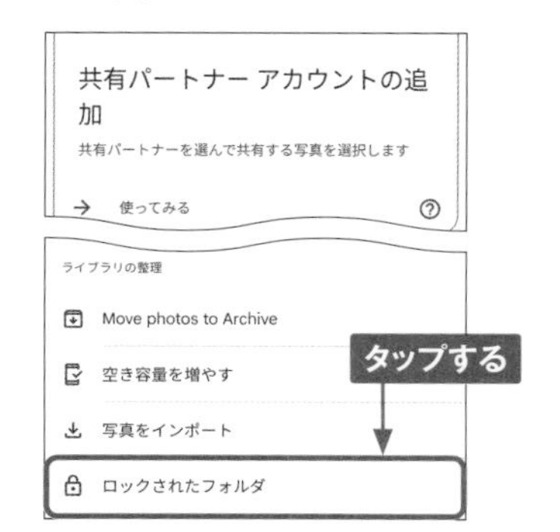

2 [設定] をタップし、画面ロック解除の操作を行います。[ロックされたフォルダを設定する] → [アイテムを移動する] をタップします。

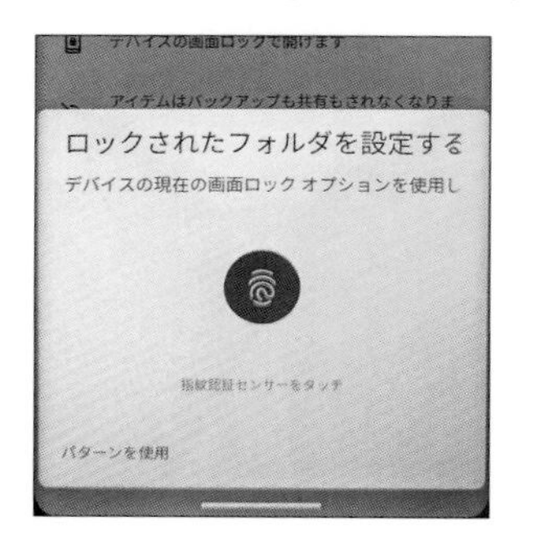

3 写真を選択して、[移動] → [続行] の順にタップすると、ロックされたフォルダに保存されます。

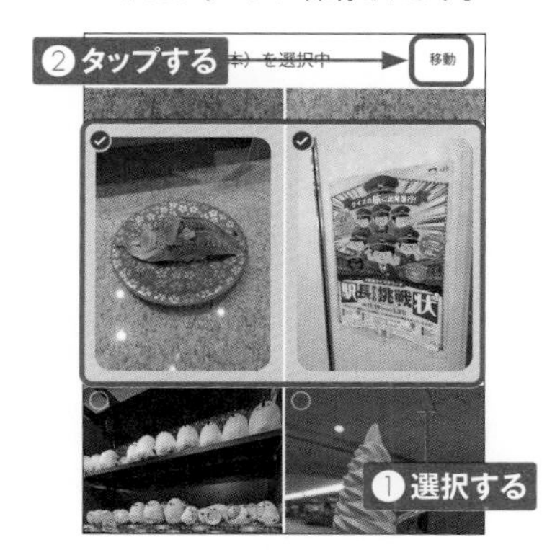

4 ロックされたフォルダを開くときは、手順**1**の操作を行い、画面ロック解除の操作を行います。[追加アイコン]をタップすると、写真を追加することができます。

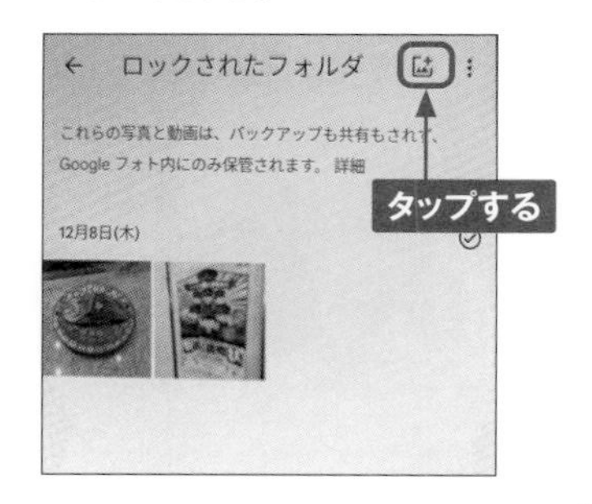

パソコンの写真をPixelに保存する

Pixelとパソコンを USBケーブルで接続すると、Pixelはパソコンの外部ストレージとして認識されます。パソコンからのファイル操作で、パソコン内の写真、動画、音楽ファイルなどをPixelにコピーすることができます。逆にPixel内のファイルをパソコンにコピーすることもできます。

1 USBケーブルでパソコンとPixelを接続し、ステータスバーを下方向にドラッグして、[このデバイスをUSBで充電中]→[タップしてその他のオプションを表示します。]の順にタップします。

2 [ファイル転送/Android Auto]をタップします。

3 パソコンでエクスプローラーを開き、Pixel 7aをクリックし、[内部共有ストレージ]をダブルクリックします。

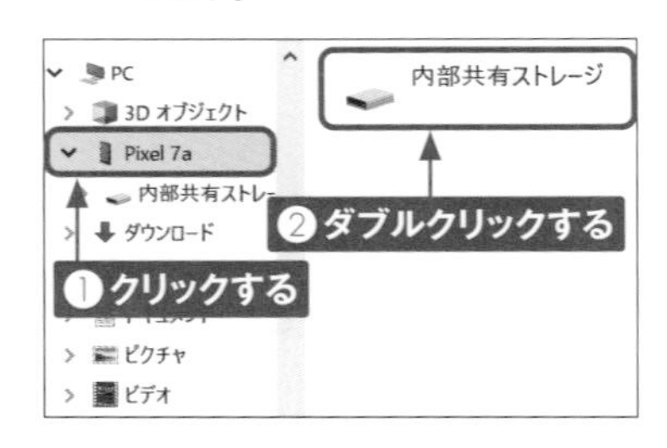

4 ファイルやフォルダを特定のフォルダ（ここでは「Pictures」フォルダ）にドラッグ&ドロップすると、Pixel 7a に保存されます。

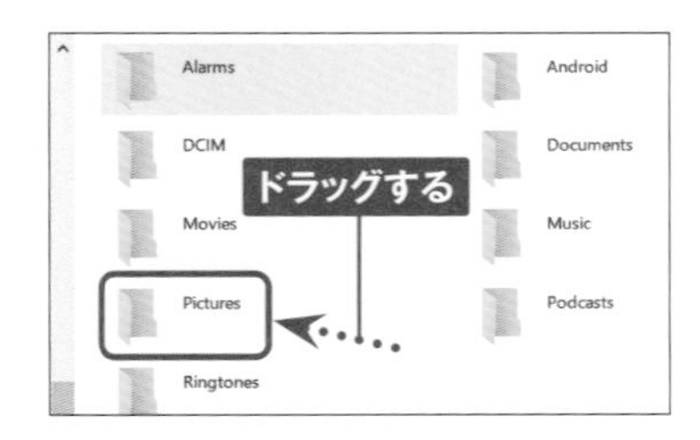

「YT Music」アプリ

YT Musicを利用する

「YT Music」アプリを利用すると、8,000万曲以上の曲からいつでも好きな曲を聴くことができます。月額980円が必要ですが、最初の1か月は無料で利用でき、解約もできるので、気軽に試してみるとよいでしょう。なお、支払い方法は、クレジットカード、キャリア決済、Google Playギフトカードから選択できます。

1 「YT Music」アプリを起動します。最初に表示される案内で[1か月間無料]をタップします。

2 [使ってみる(無料)]をタップします。

3 支払い方法を選んで、指示にしたがって登録します。

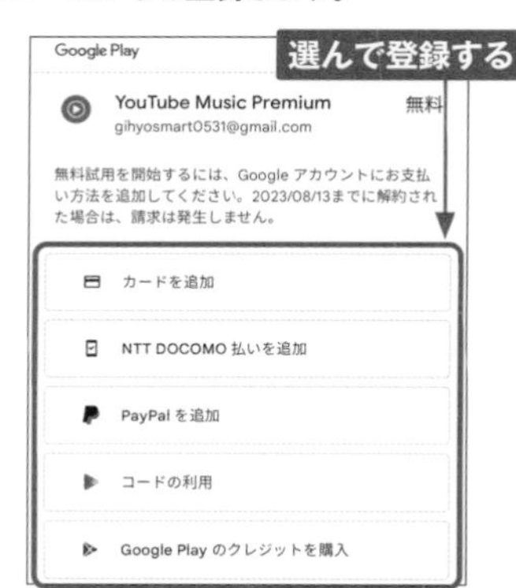

4 [見てみる]をタップすると、YT Musicの画面に戻ります。

Section 070

「YT Music」アプリ

YT Musicで曲を探す

「YT Music」アプリの検索欄で、アーティスト名や曲名、アルバム名などで検索すると、かんたんに曲を見つけることができます。検索した曲は、タップするだけですぐに再生することができます。

1 「YT Music」アプリで、画面上部の🔍をタップします。トップ画面で好きなカテゴリをタップして探すこともできます。

2 アーティスト名や曲名などを入力し、🔍をタップします。表示される候補をタップして検索することもできます。

3 画面を上下にスワイプして曲やアルバムなどを探し、聴きたい曲をタップします。

4 曲が再生されます。再生を停止するには、⏸をタップします。

3

Section 071

曲をオフラインで聴く

「YT Music」アプリ

「YT Music」アプリでは、気に入った曲をダウンロードして、オフラインで再生することができます。オフラインの曲は、インターネットに接続していないときでも再生することができます。なお、Googleアカウントからログアウトすると、曲はPixelから削除されることに注意してください。

1 P.96手順4の画面で、曲やアルバムの⋮をタップします。

2 ［オフラインに一時保存］をタップすると、曲がダウンロードされてPixelに保存されます。

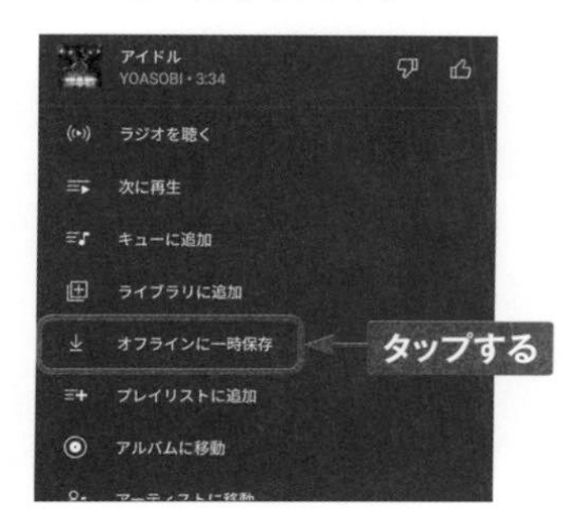

3 ［ライブラリ］→［オフライン］をタップします。

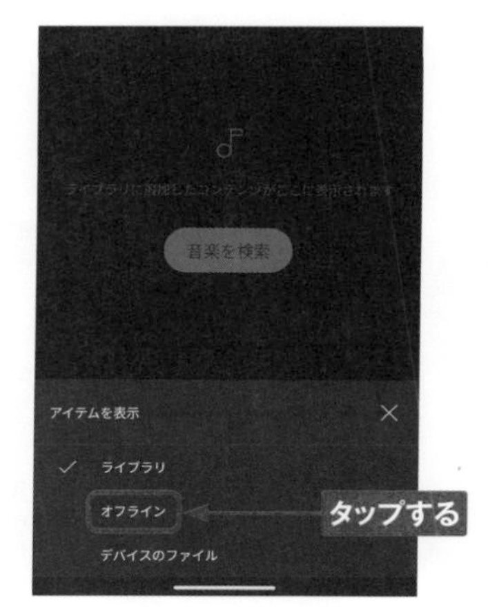

4 曲名をタップすると、再生されます。

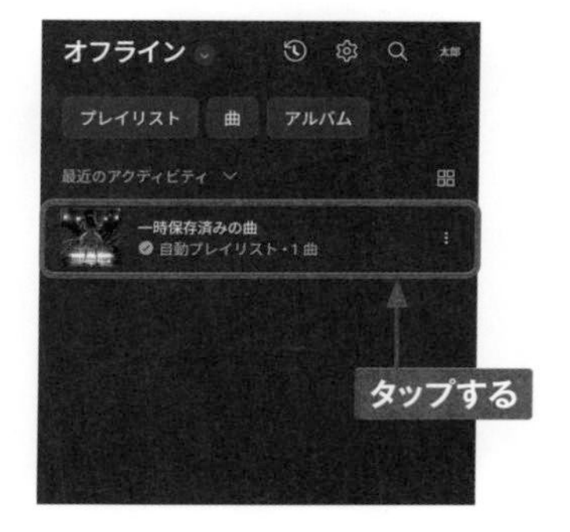

3

Section 072

OS・Hardware

「この曲なに?」をロック画面に表示する

Pixelでは、付近で流れている曲を検知して、ロック画面に曲名を表示する「この曲なに?」機能を利用できます。検知した曲は履歴に残るので、後から聴いたり、プレイリストに追加したりすることができます。

1 「設定」アプリを開き、[ディスプレイ]→[ロック画面]→[この曲なに?]の順にタップします。

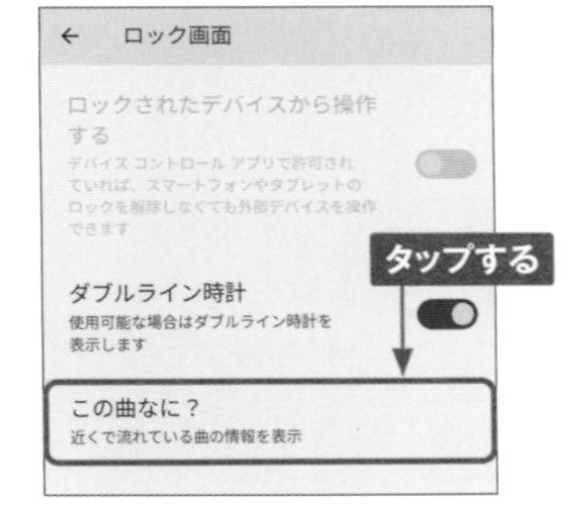

2 [近くで流れている曲の情報を表示]をタップしてオンにします。

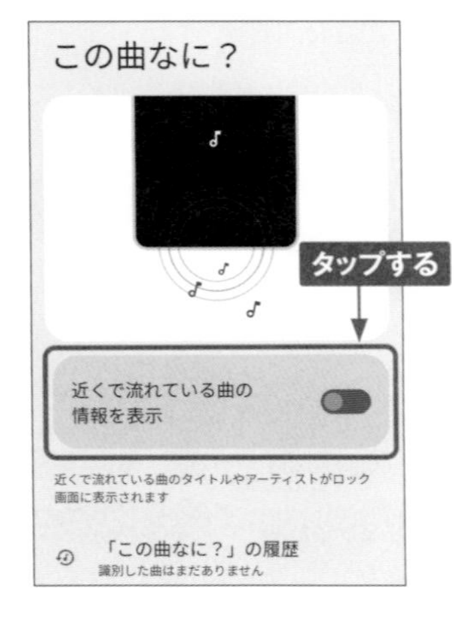

3 Pixelが付近で流れている曲を検知すると、ロック画面に曲名が表示されます。

4 手順2の画面の下にある[「この曲なに?」の履歴]をタップすると、これまでに検知した曲名が表示されます。

5 手順4の画面で、[YouTube Music]をタップすると曲が再生されます。

Section 073

「レコーダー」アプリ

レコーダーで音声を文字起こしする

「レコーダー」は、周辺の音を録音するボイスメモアプリです。通常の録音だけでなく、録音しながら音声を文字起こししてテキスト化することができます。また、録音した音声を再生しながら文字起こしすることもできます。

1 「レコーダー」アプリを起動して、●をタップすると録音が始まります。

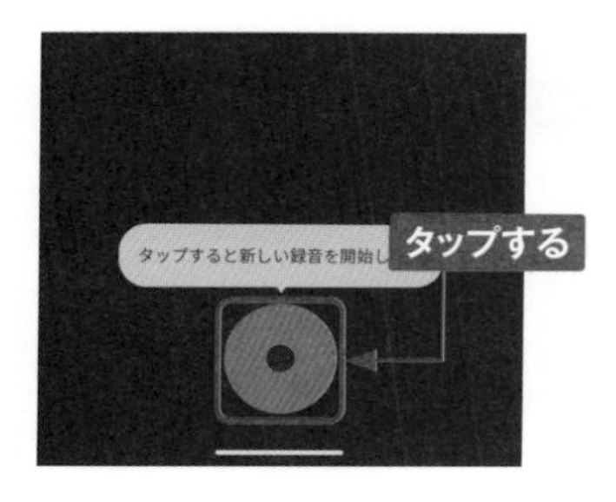

2 ［文字起こし］をタップすると、周囲の音声がリアルタイムでテキストとして表示されます。

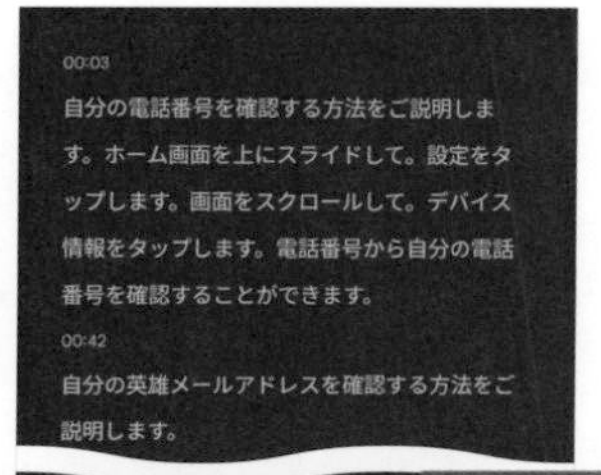

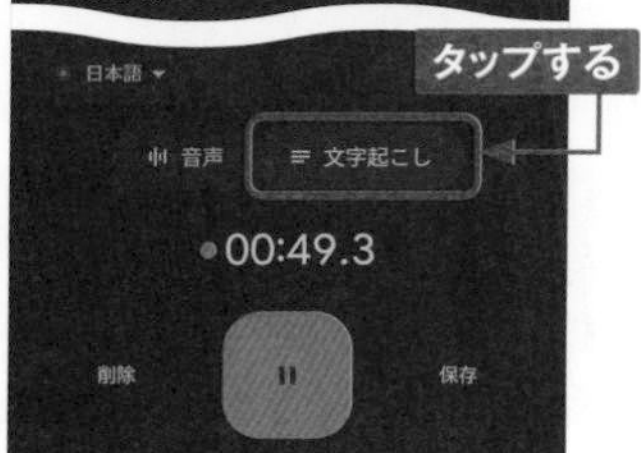

3 ［保存］をタップすると、音声が保存されます。

4 録音した音声を選んで、タップすると、再生されます。

5 ［文字起こし］をタップすると、音声がテキストとして表示されます。一部を切り取ったり、選択してコピーすることができます。

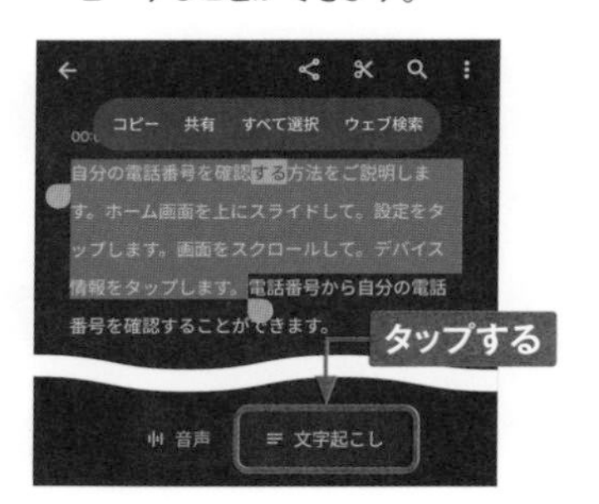

3

「YouTube」アプリ

YouTubeで動画を視聴する

Pixelには「YouTube」アプリがインストールされており、世界中の人がYouTubeに投稿した動画を視聴したり、動画にコメントを付けたりすることができます。ここでは、キーワードで動画を検索して視聴する方法を紹介します。

1 「YouTube」アプリを起動して、🔍をタップします。

2 検索欄にキーワードを入力し、🔍をタップします。

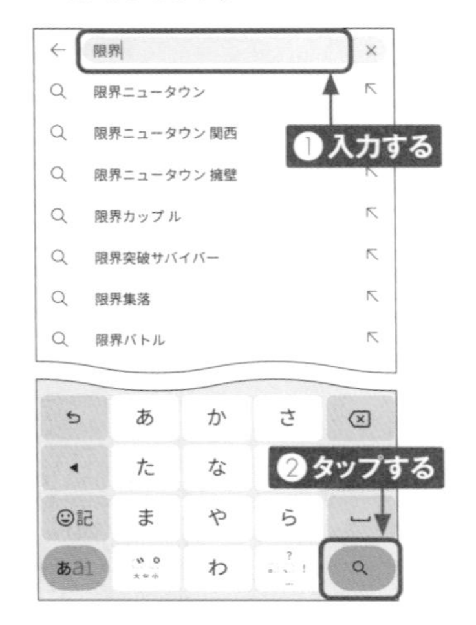

3 検索結果が一覧で表示されます。動画を選んでタップすると、再生されます。

TIPS 視聴中にほかの動画を探す

動画再生画面を下方向にスワイプすることで、動画を視聴しながらほかの動画を探すことができます。

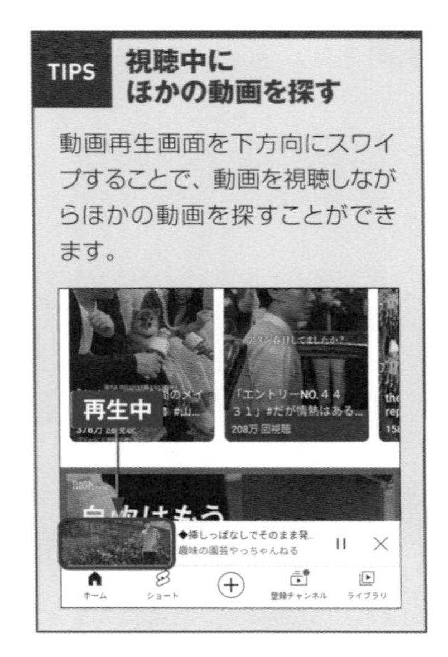

Section 075

動画に字幕を表示する

OS • Hardware

自動字幕起こし機能を使うと、Pixelで再生中の動画の音声を文字変換して字幕として表示することができます。Twitter、YouTube、Podcastなどで利用可能です。また、字幕をリアルタイムで翻訳することができます。

1 Pixelで動画を再生します。

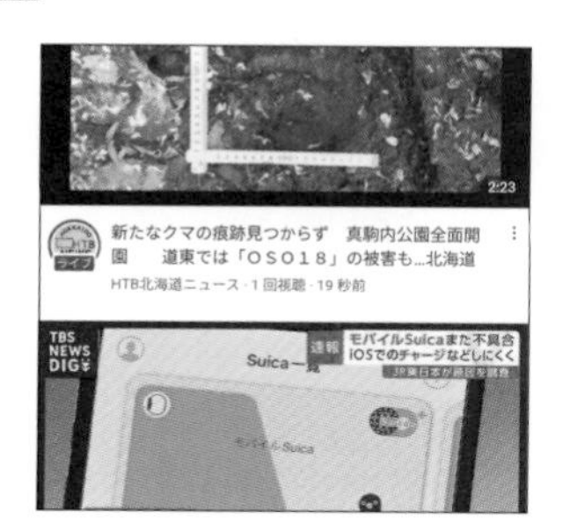

2 音量ボタンを押すと、「自動字幕起こし」のアイコンが表示されるので、タップします。

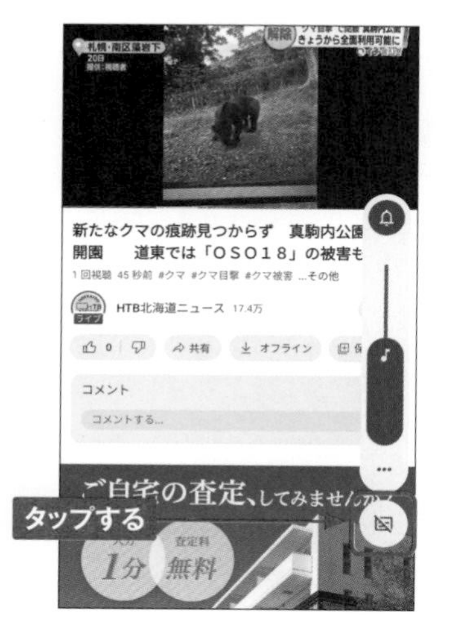

3 動画の音声が文字変換されて字幕として表示されます。

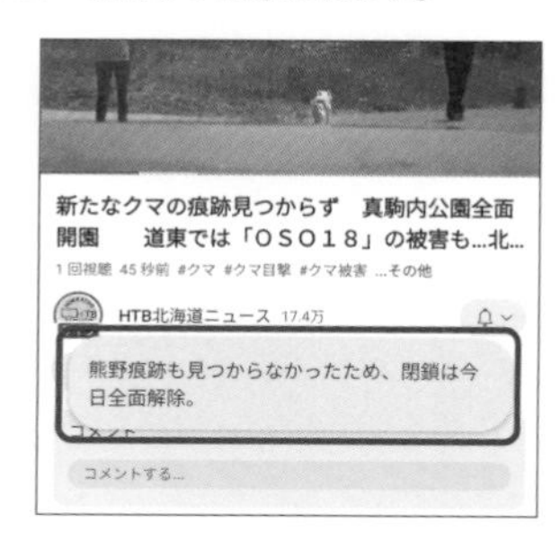

MEMO 字幕を翻訳する

動画を再生中に、手順3の画面で ⋮ → [翻訳] をタップして、[字幕を翻訳] をオンにします。言語の設定など、字幕起こしの詳細な設定は、「設定」アプリの [着信音とバイブレーション] → [自動字幕起こし] から行います。

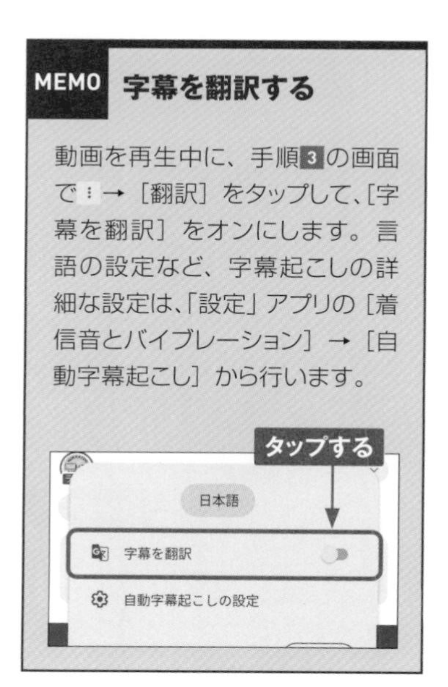

3

Chrome

ARで動物などのモデルを表示する

動物名でGoogle検索を行い、Pixelの画面越しに実物大の動物を周囲に表示することができます。イヌ、ネコ、パンダ、ライオン、トラなどの動物や、昆虫、恐竜、サンリオキャラクター、人体模型などを見ることができます。

1 動物などの名前で検索し、検索結果に［3D表示］があったらタップします。

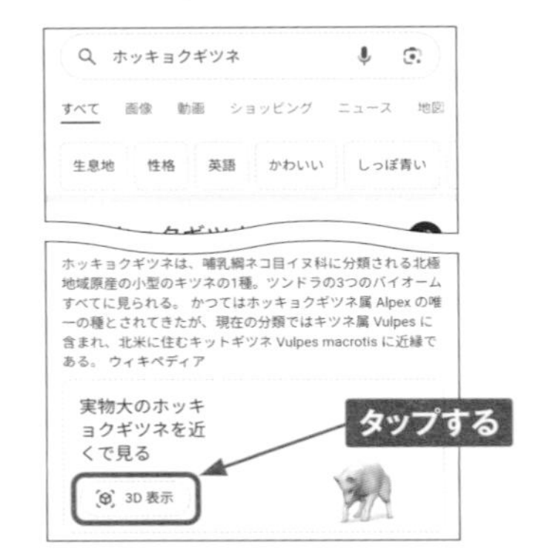

2 モデルが3Dで表示されます。［周囲のスペースに表示する］をタップします。

3 初回はアクセスの許可を求める画面が表示されるので、［アクセスを許可］をタップします。Pixelを下に向けてゆっくり動かします。

4 画面に実物大のモデルがAR表示されます。◎をタップすると撮影することができます。

Googleのサービスや
アプリの便利技

「Playストア」アプリ

Playストアでアプリを購入する

基本的にAndroidデバイスのアプリは、GoogleのPlayストアからダウンロードしてインストールします。ほかの方法として、Android OS用のアプリパッケージである、APKファイルをPlayストア以外から入手してインストールすることもできますが、その場合は悪意のあるアプリでないかどうか一層の注意が必要です。

1 「Playストア」アプリを起動し、有料アプリの詳細画面を表示して、アプリの価格が表示されたボタンをタップします。

2 支払い方法を変更するときは、前回使った支払い方法をタップします。

3 支払い方法を選び、手順**2**の画面に戻ったら［購入］をタップします。

MEMO Google Play ギフトカードとは

コンビニなどで販売されている「Google Playギフトカード」を利用すると、プリペイド方式でアプリを購入することができます。利用するには、手順**3**で［コードの利用］をタップします。

4 Googleアカウントのパスワードを入力し、［確認］をタップします。

5 常に認証を要求するかどうかの確認が表示されます。

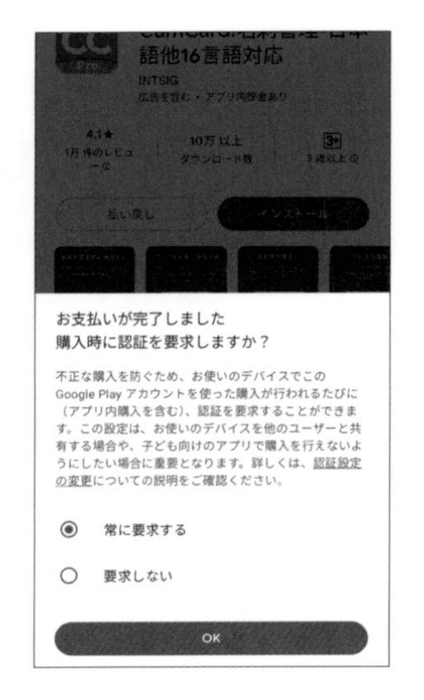

6 アプリのダウンロードとインストールが始まります。

有料アプリは、購入してから2時間以内であれば、返品して全額払い戻しを受けることができます。返品するには、「Playストア」で購入したアプリの詳細画面を表示し、［払い戻し］をタップして、次の画面で［はい］をタップします。なお、払い戻しできるのは、1つのアプリにつき1回だけです。

「Amazonアプリストア」アプリ

Amazonでアプリを購入する

Chromeからインストールできる「Amazonアプリストア」アプリを利用すると、Amazonからアプリを購入してインストールすることができます。Amazonは、GoogleのPlayストアとアプリの品揃えが異なるほか、有料アプリの割引があったり、お得な「Amazonコイン」が使えたりするメリットがあります。

1 「設定」アプリを開き、[アプリ]→[特別なアプリアクセス]→[不明なアプリのインストール]→[Chrome]→[この提供元のアプリを許可]をタップしてオンにします。

2 Chromeを起動して「https://www.amazon.co.jp/androidapp」にアクセスし、[ダウンロード開始]→[OK]の順にタップします。ダウンロードが完了したら、[開く]→[インストール]→[開く]の順にタップします。

3 「Amazonアプリストア」アプリを起動して、[Amazon.co.jpをご利用中ですか?サインイン]をタップしてサインインします。

4 MEMOを参考にアプリの許可をオンにし、任意のアプリを開き、[入手]または金額をタップし、画面の指示に従って購入・インストールします。

MEMO アプリの許可をオンにする

「Amazonアプリストア」アプリでアプリをインストールするには、手順**1**と同様の手順で、「Amazonアプリストア」アプリの[この提供元のアプリを許可]をオンにしておく必要があります。

Section 079

アプリの権限を確認する

「設定」アプリ

アプリの中には、Pixelのサービス（位置情報、カメラ、マイクなど）にアクセスして動作するものがあります。たとえば「Gmail」アプリは、カレンダーや連絡先と連携して動作します。こうしたアプリの利用権限（サービスへのアクセス許可）は、アプリの初回起動時に確認されますが、後から見直して設定を変更することができます。

アプリの権限を確認する

1 「設定」アプリを開きます。[アプリ]→[○個のアプリをすべて表示]の順にタップします。

2 権限を確認したいアプリ（ここではGmail）をタップします。

3 ［権限］をタップします。

4 アプリ（Gmail）がアクセスしているサービスを確認することができます。サービス名をタップして、アプリ（Gmail）への［許可］と［許可しない］を変更することができます。

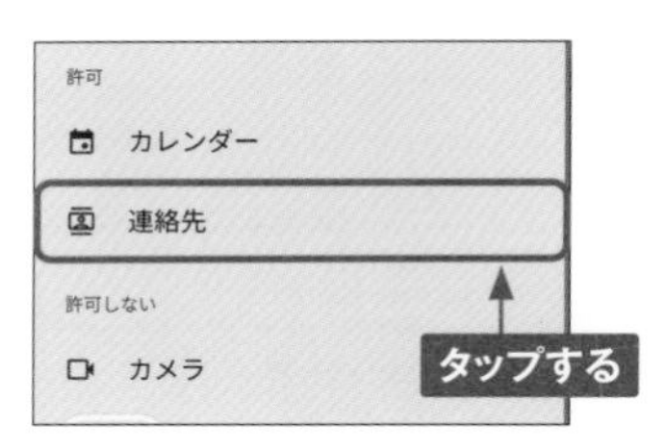

4

Section 080

「設定」アプリ

サービスから権限を確認する

「設定」アプリの権限マネージャを利用すると、サービス側からどのアプリに権限を与えているか（アクセスを許可しているか）を確認することができます。悪意のあるアプリに権限を与えていると、位置情報、カメラ、マイクなどのサービスから、プライバシーに関わる情報が漏れる可能性があります。

1 「設定」アプリを開きます。[セキュリティとプライバシー] → [プライバシー] → [権限マネージャー] の順にタップします。

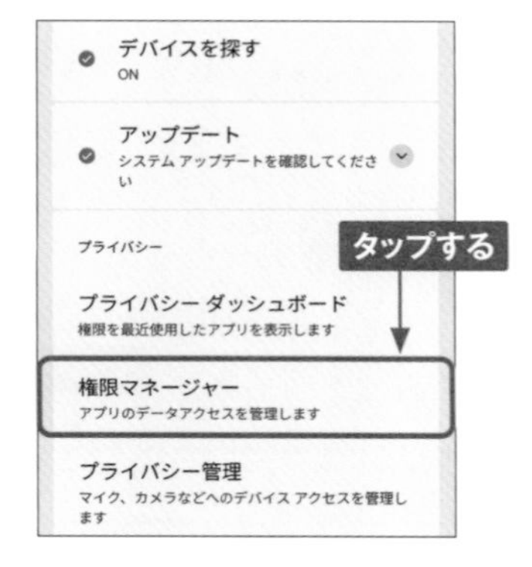

2 サービス（ここでは位置情報）をタップします。

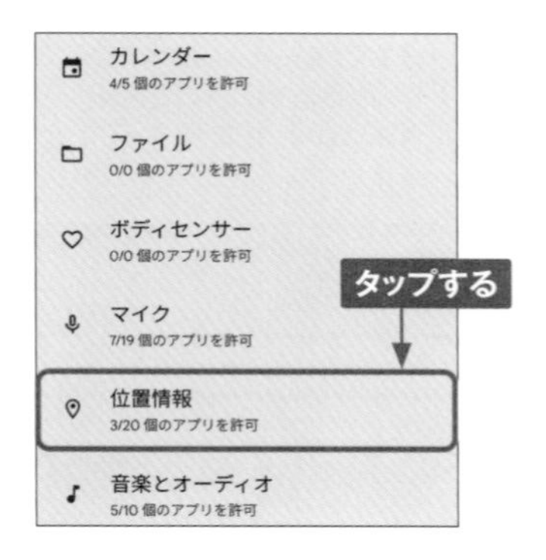

3 サービスにアクセスするアプリが「常に許可」「使用中のみ許可」「許可しない」に分かれて表示されます。

4 アプリ名をタップして [アプリの使用中のみ許可] [毎回確認する] [許可しない] を変更することができます。

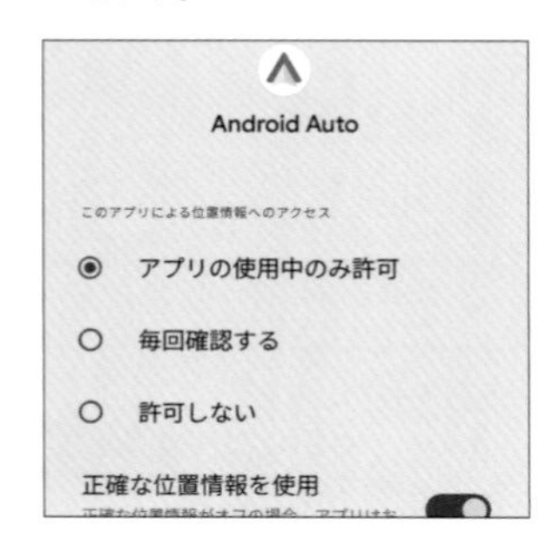

4

「設定」アプリ

プライバシーダッシュボードを利用する

「設定」アプリのプライバシーダッシュボードを利用すると、過去24時間にプライバシーに関わるサービスにアクセスしたアプリを調べることができます。またアプリが、カメラとマイクにアクセスしているときには、画面右上にドットインジケーターが表示されます。

1 「設定」アプリを開きます。[セキュリティとプライバシー] → [プライバシー] → [プライバシーダッシュボード] の順にタップします。

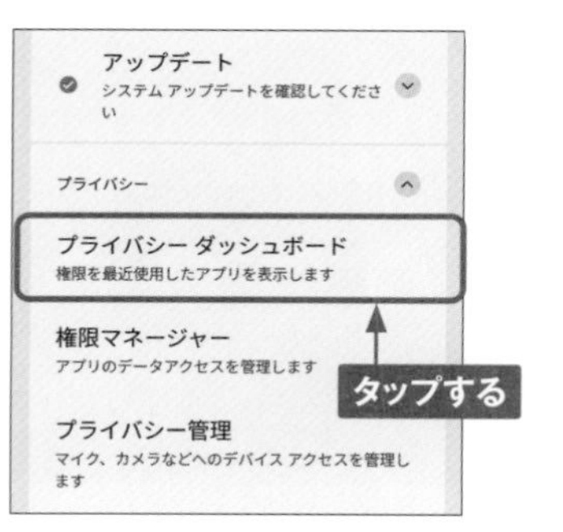

2 プライバシーダッシュボードで、24時間内にカメラ、マイク、位置情報にアクセスしたアプリを確認することができます。[そのほかの権限を表示] をタップすると、24時間内にそのほかのサービスをアクセスしたアプリを確認することができます。

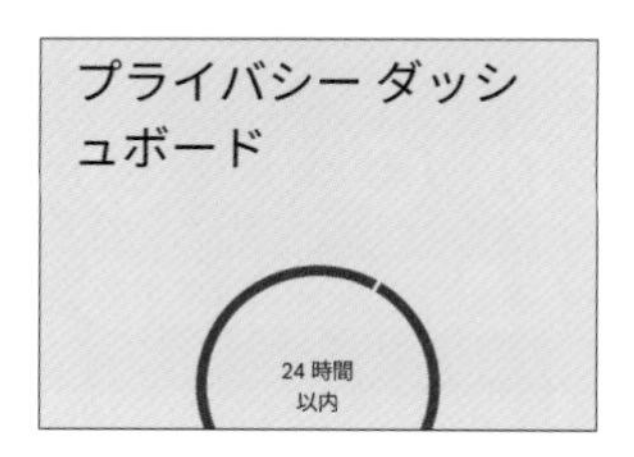

MEMO カメラやマイクへのアクセス

アプリがカメラやマイクにアクセスすると、画面の右上にドットインジケーターが表示されます。画面を下方向にスワイプすると、アイコン表示に変わり、タップするとカメラやマイクにアクセスしているアプリを確認することができます。

いずれかのアプリから、カメラやマイクが不正にアクセスされていると判断したときには、クイック設定の [カメラへのアクセス使用可能] [マイクへのアクセス使用可能] をタップすることで、即座にブロックできます。

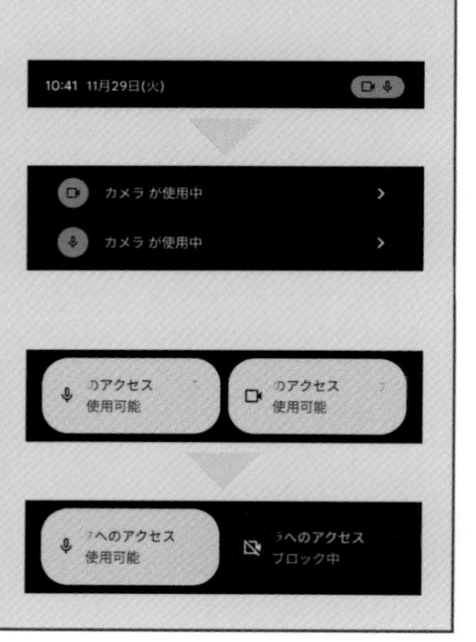

Googleアシスタントで調べ物をする

Googleアシスタントは、GoogleのAIアシスタントです。音声入力やキーボード入力で指示を出すと、検索をしたりPixelを操作したりすることができます。

1 ホーム画面のGoogle検索ウィジェットで🎤をタップします。

2 Pixelに向かって調べたいキーワードを話しかけます。

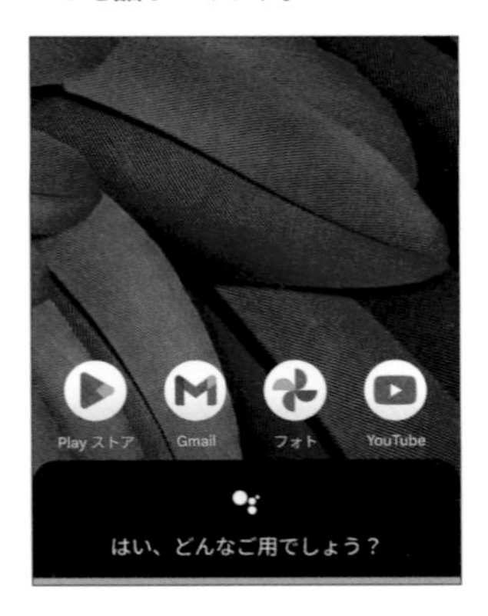

3 キーワードに関連する情報が検索されます。

TIPS Voice Matchを利用する

「Voice Match」に自分の声を登録すると、「OK Google」と話しかけるだけでGoogleアシスタントを起動できます。ロック画面でもGoogleアシスタントを起動できるようになります。Voice Matchを利用するには、「設定」アプリを開き、[アプリ]→[アシスタント]→[「OK Google」と話しかける]→[音声モデル]の順にタップして、画面の指示に従って声を登録します。

Googleアシスタントでアプリを操作する

Googleアシスタントにアプリ名を発声すると、アプリを起動したり、そのアプリで行う操作の候補が表示されます。また、「ルーティン」を設定すると、ひと言で複数の操作を行うことができます。たとえば、「おはよう」と話しかけて、天気の情報、今日の予定を確認、ニュースを聞くといったことが一度にできます。

1 ルーティンを設定するには、P.110手順1を参考にGoogleアシスタントを起動し、以下の画面になるまで待ちます。アカウントアイコンをタップします。

2 ［ルーティン］をタップします。

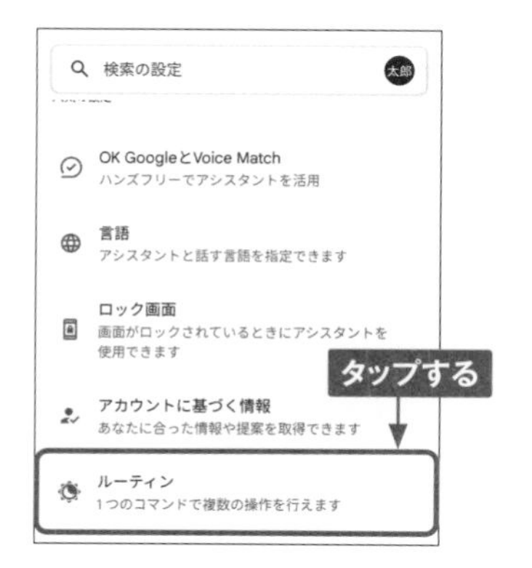

3 初めての場合は［始める］をタップし、設定したい掛け声（ここでは［おはよう］）をタップします。

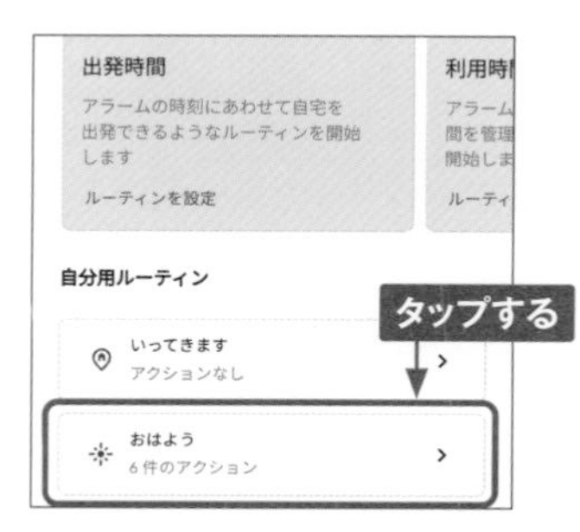

4 追加したい操作を選択して［保存］をタップすると設定が完了します。なお、手順3の画面で［新規］をタップすると、新規にルーティンを作成できます。

GoogleアシスタントでPixelを操作する

Googleアシスタントはアプリを起動するほかにも、電話をかける、メッセージやLINEを送る、Wi-Fiをオン／オフにする、マナーモードを設定するなど、Pixelを操作することができます。

1 P.110手順**1**を参考にGoogleアシスタントを起動し、「ライトをつけて」と話しかけます。

2 Pixelの背面のフォトライトが点灯します。🎤をタップし、「ライトを消して」と話しかけると、フォトライトが消灯します。

TIPS クイックフレーズ

アラームとタイマーの操作、電話を受ける操作は、指定のフレーズで発声すると、Voice Match（P.110参照）に音声を登録していなくてもGoogleアシスタントで行うことができます。「設定」アプリを開き、［アプリ］→［アシスタント］→［クイックフレーズ］でオンにできます。

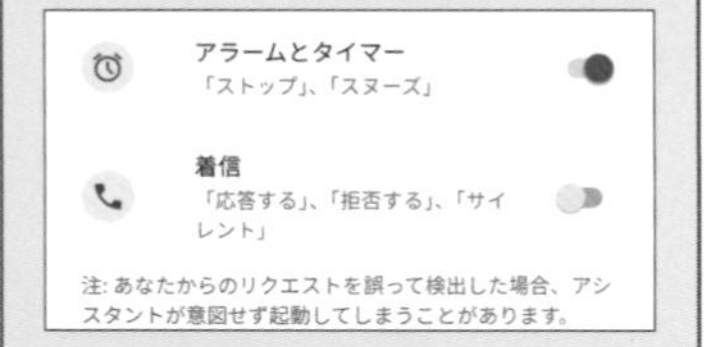

MEMO スクリーンショットを撮る

保存したい画面を表示し、電源ボタンを長押しして、Googleアシスタントを起動し、「スクリーンショット」と話しかけると、画面のスクリーンショットを撮影でき、保存先や共有先が表示されます。

Section 085

「Gmail」アプリ

Gmailにアカウントを追加する

「Gmail」アプリでは、登録したGoogleアカウントをそのままメールアカウントとして使用しますが、Googleアカウントのほか、OutlookメールやYahoo!メールなどのアカウントも、Gmailで利用できます。

1 「Gmail」アプリを開き、プロフィール（アカウントアイコン）写真またはイニシャルをタップします。

2 ［別のアカウントを追加］をタップします。

3 使用したいメールアカウントの種類（ここでは［Yahoo］）をタップします。

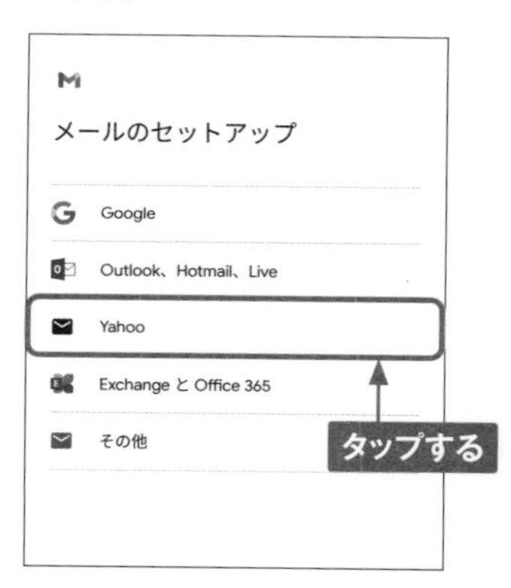

4 メールアドレスを入力し、［続ける］をタップします。

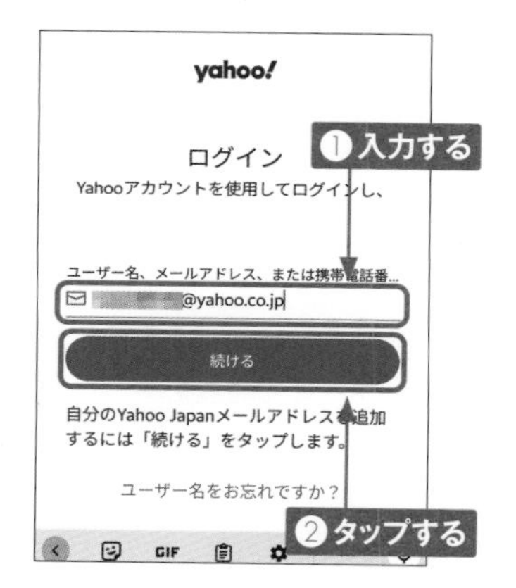

4

5 パスワードを入力して、［次へ］をタップします。

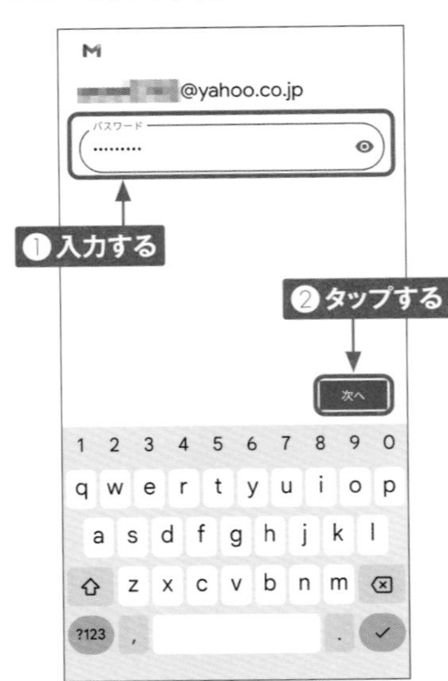

6 オンにしたいオプションを選択し、［次へ］をタップします。

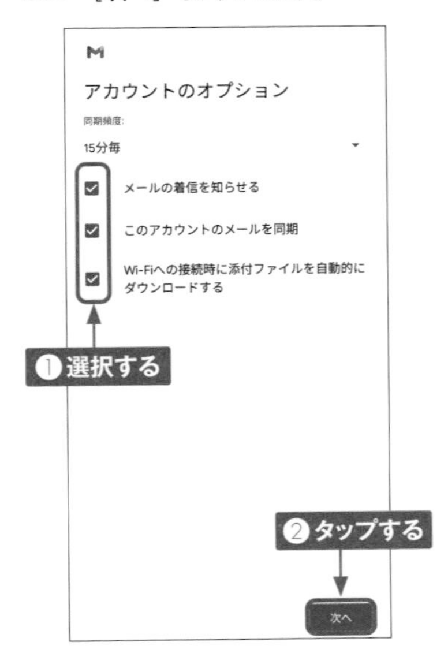

7 アカウント名と名前を入力し、［次へ］をタップすると、アカウントが追加されます。

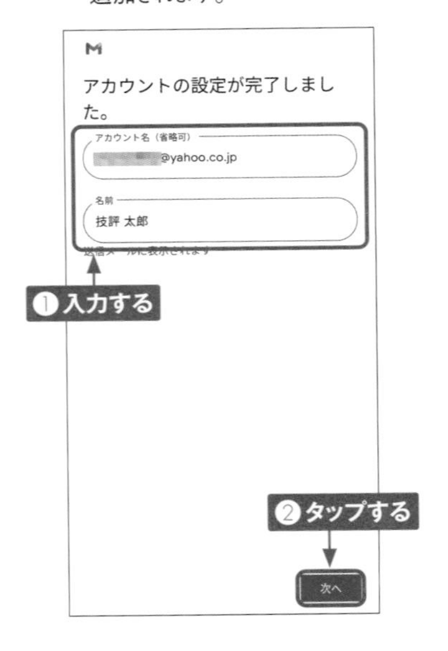

MEMO アカウントを切り替える

アカウントを切り替えてメールを読むには、P.113手順 2 の画面で、切り替えたいアカウントをタップします。

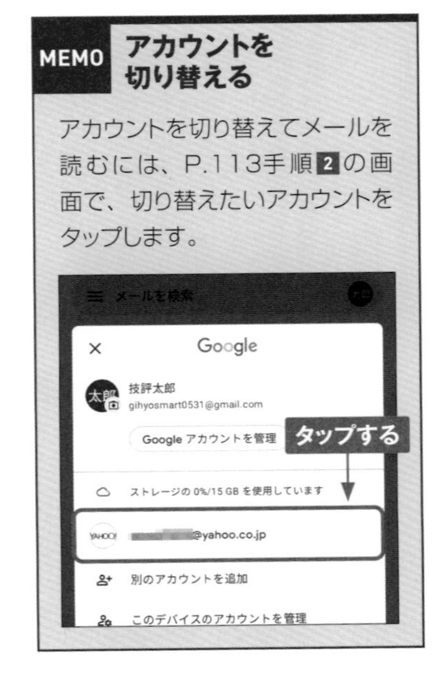

4

Section 086

「Gmail」アプリ

メールに署名を自動的に挿入する

Gmailでは、メールの作成時に自動的に署名を挿入するように設定することができます。仕事で使用する場合などに、名前やメールアドレス、電話番号などを署名として設定しておくとよいでしょう。

1 「メイン」画面で≡をタップしてメニューを開きます。

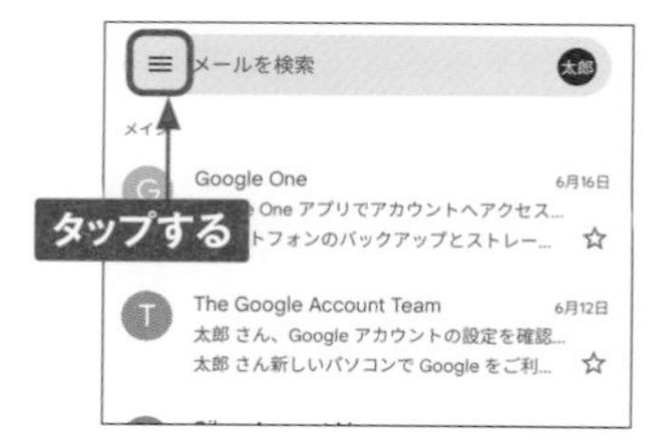

2 ［設定］をタップします。

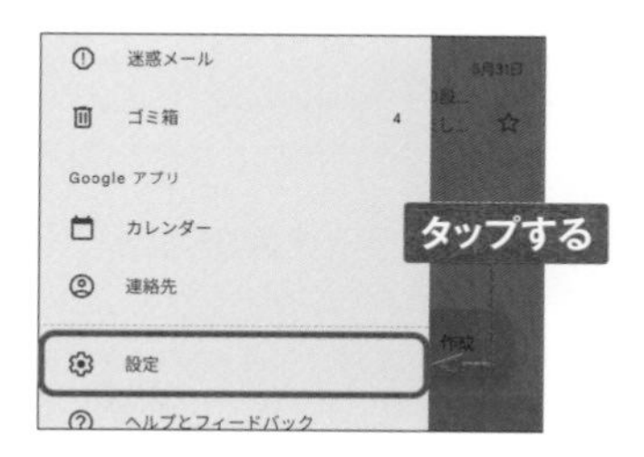

3 署名を設定するGmailアカウントをタップします。

4 ［モバイル署名］をタップします。

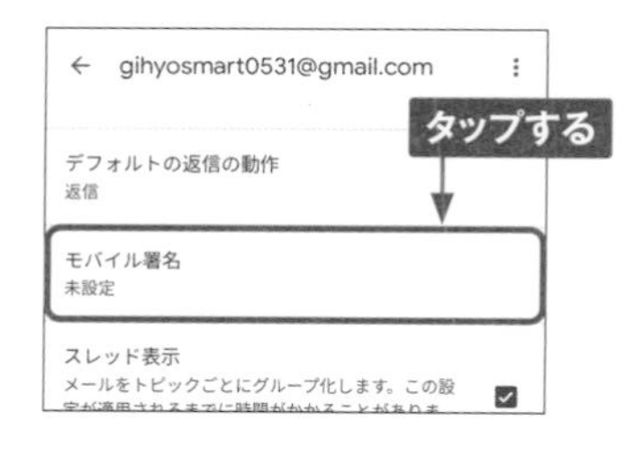

5 署名を入力し、［OK］をタップします。

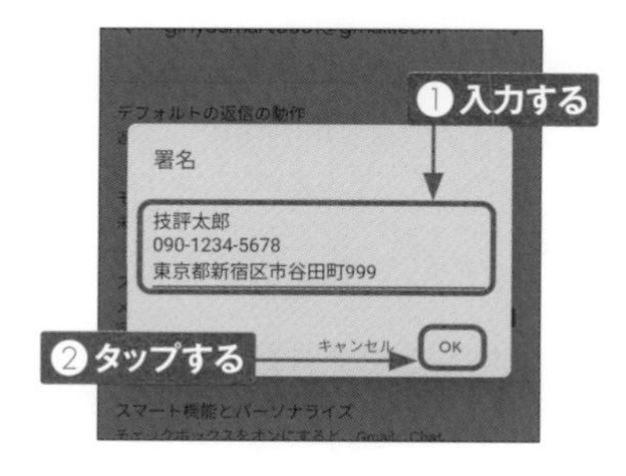

MEMO 署名を削除する

手順4の画面で［モバイル署名］をタップし、署名を削除して［OK］をタップすると、署名が削除されます。

Section 087

「Gmail」アプリ

メールにワンタップで返信する

「Gmail」アプリには、受信したメールの内容に応じて自動的に返信する文面の候補を表示する、スマートリプライ機能があります。候補をタップするだけで返信する文面が作成できるため、すばやい返信が可能です。なお、受信したメールの内容によっては候補が表示されません。

1 P.115手順**3**の画面で設定するGmailアカウントをタップします。

2 [スマート機能とパーソナライズ]と[スマートリプライ]のチェックボックスをオンにします。

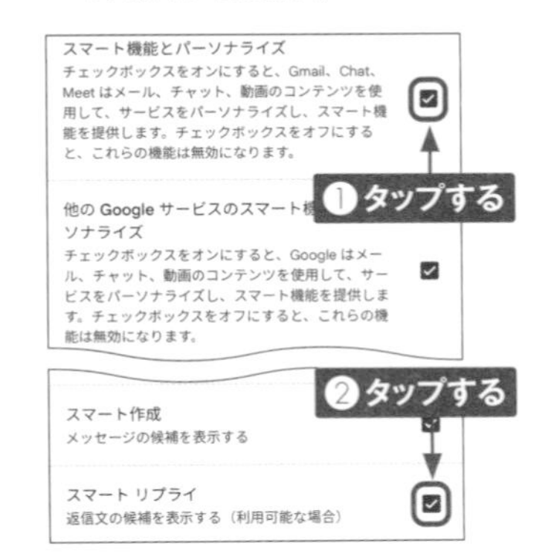

3 受信したメールの文面によって、返信の候補が画面下部に表示されます。任意の候補をタップします。

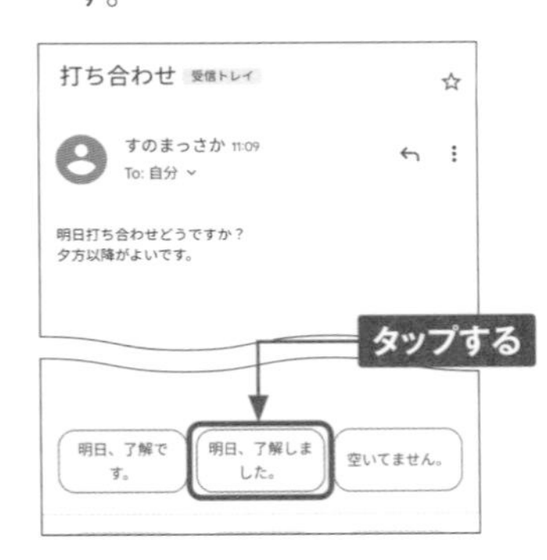

4 必要に応じて文面を編集し、⊳をタップして返信します。

「Gmail」アプリ

メールを再通知する

「Gmail」アプリには、メールを指定した日時に再通知するスヌーズ機能があります。会議や待ち合わせなどの少し前に再通知するように設定しておくと、大切な予定を忘れずに済みます。再通知の日時を具体的に指定できるほか、「明日」や「今週末」、「来週」などの候補から設定することができます。

1 スヌーズしたいメールを開き、⋮をタップします。

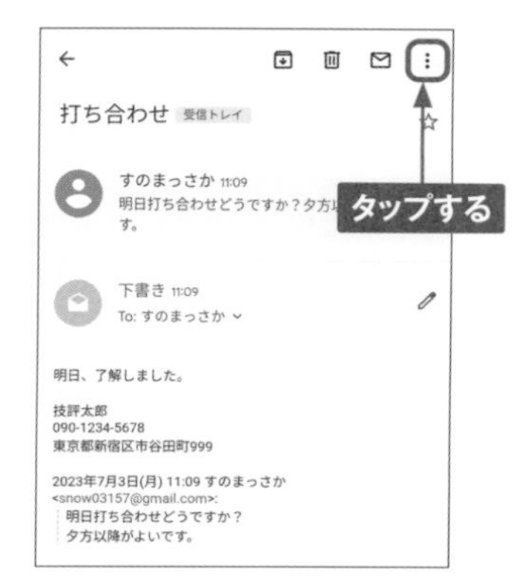

2 ［スヌーズ］をタップします。

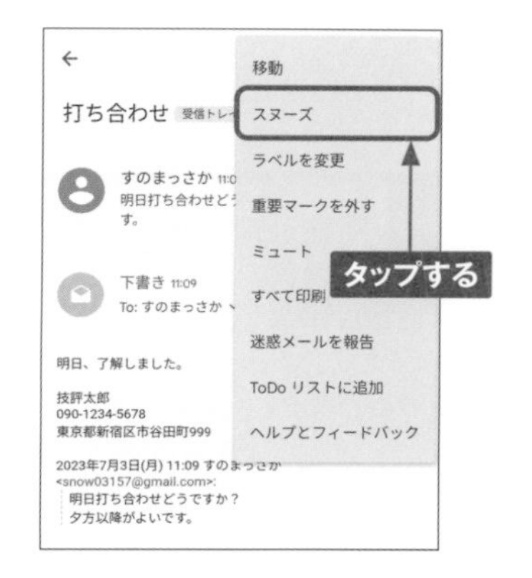

3 ［日付と時間を選択］をタップして、日付と時間を設定すると、その日時に再通知されます。なお、［少し後で］［明日］［今週末］［来週］のいずれかをタップして設定することもできます。

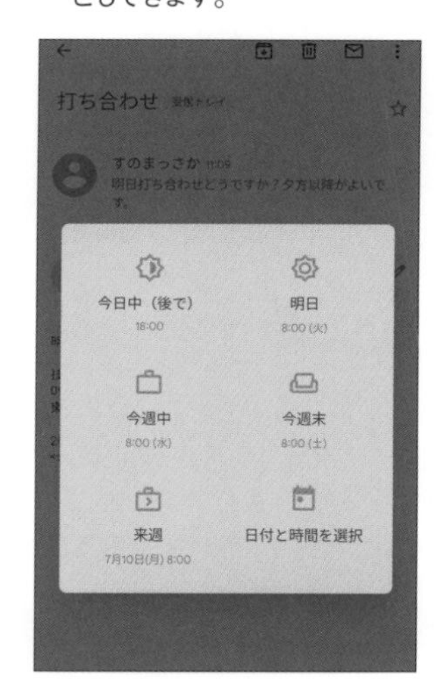

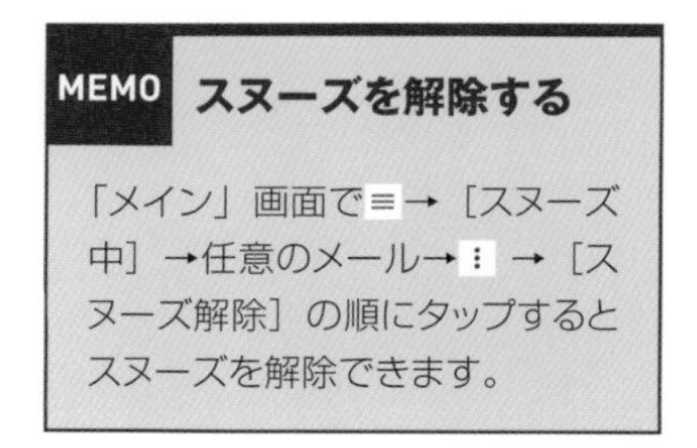

MEMO **スヌーズを解除する**

「メイン」画面で≡→［スヌーズ中］→任意のメール→⋮→［スヌーズ解除］の順にタップするとスヌーズを解除できます。

Section 089

「Gmail」アプリ

不在時に自動送信するメールを設定する

「Gmail」アプリは、不在時に不在通知を自動送信するように設定することができます。海外旅行や長期休暇などで返信ができない場合に設定しておくと便利です。連絡先に登録されている相手にのみ自動送信することもできます。

1 P.115手順4の画面で［不在通知］をタップします。

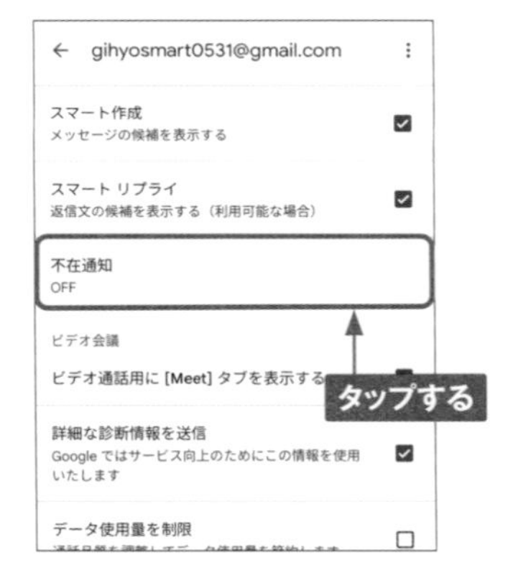

2 ［不在通知］をタップして、オンにします。

3 「開始日」と「終了日」の日付をタップして設定し、件名とメッセージを入力して、［完了］をタップします。なお、「連絡先にのみ送信」にチェックを付けると、連絡先に登録されている相手にのみ自動送信されます。

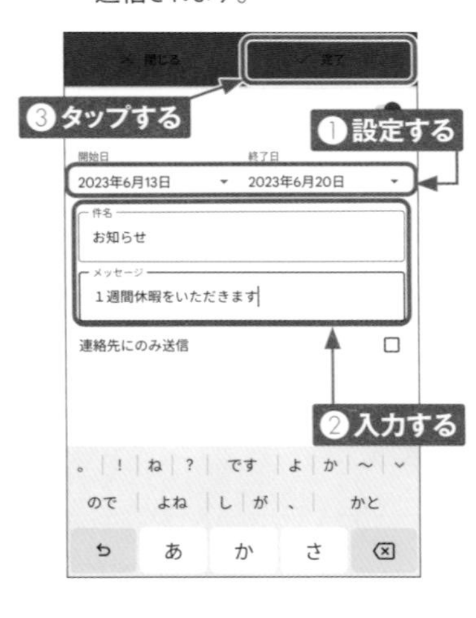

MEMO 不在通知をオフにする

手順2の画面で［不在通知］を再度タップすると、不在通知をオフにできます。なお、メッセージなど設定した内容は維持されます。

4

Section 090

「Gmail」アプリ

メールを1通1通表示させる

「Gmail」アプリでは、相手とやり取りしたメールをスレッドとしてまとめることができます。一連のやりとりをまとめてくれるので、とても便利な機能ですが、あとでメールを探したり、未読のメールを確認するのが、少し手間になります。このスレッド表示は設定で解除することができます。

1 P.115手順4の画面で「スレッド表示」でタップをして、チェックを外します。

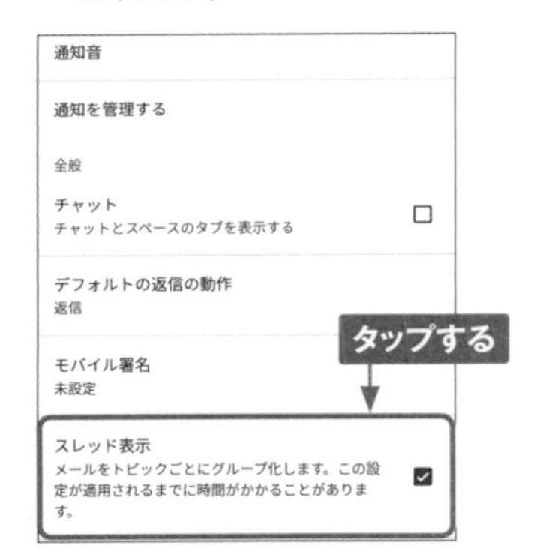

2 確認画面では［OK］をタップします。

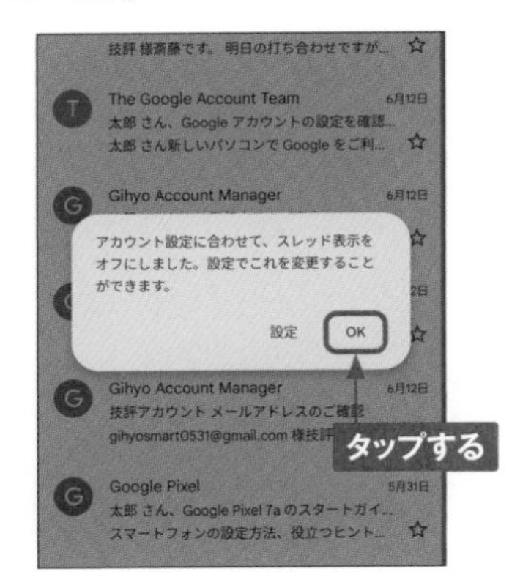

3 スレッド表示が解除されたため、メールが1通1通表示されるようになりました。

MEMO スレッド表示の注意点

スレッド表示は件名を変更すると、別スレッドとして表示されるようになるので、注意してください。

Googleカレンダーに予定を登録する

Googleカレンダーに予定を登録して、スケジュールを管理しましょう。Googleカレンダーでは、予定に通知を設定したり、複数のカレンダーを管理したり、カレンダーをほかのユーザーと共有したりすることができます。

1 「カレンダー」アプリを開きます。＋→［予定］の順にタップします。

2 予定の詳細を設定し、［保存］をタップします。

3 予定がカレンダーに登録されます。

MEMO 表示形式を変更する

手順1の画面で≡をタップすると、カレンダーの表示形式を変更できます。

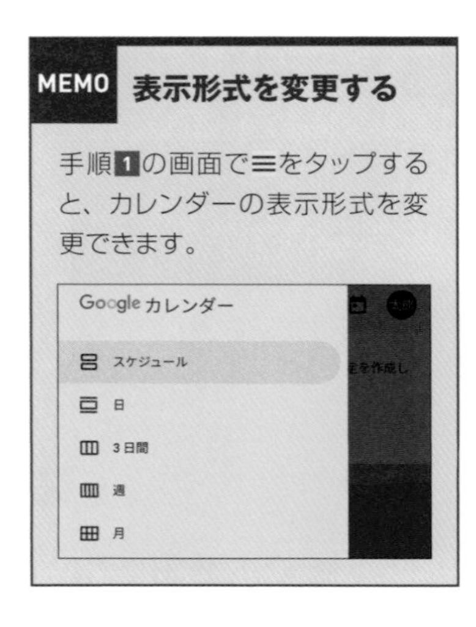

Section 092

「カレンダー」アプリ

Gmailから予定を自動で取り込む

Googleカレンダーでは、Gmailのメールに記載された予定を読み取り、自動で予定を作成することができます。自動で予定を作成するには、あらかじめ機能をオンに設定しておく必要があります。

1 「カレンダー」アプリを開き、≡をタップします。

2 ［設定］をタップします。

3 ［Gmailから予定を作成］をタップします。

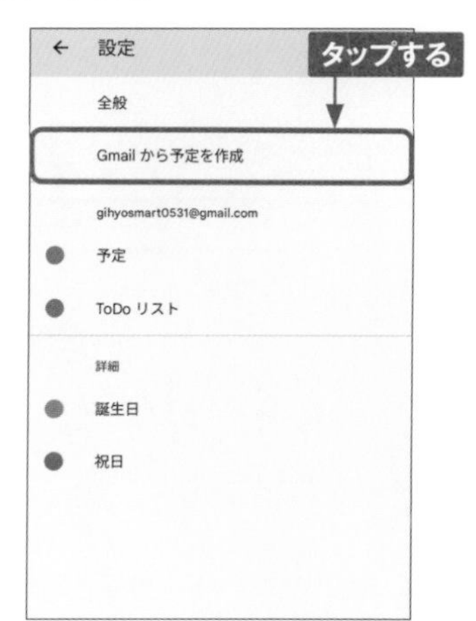

4 ［Gmailからの予定を表示する］をタップして、オンにします。

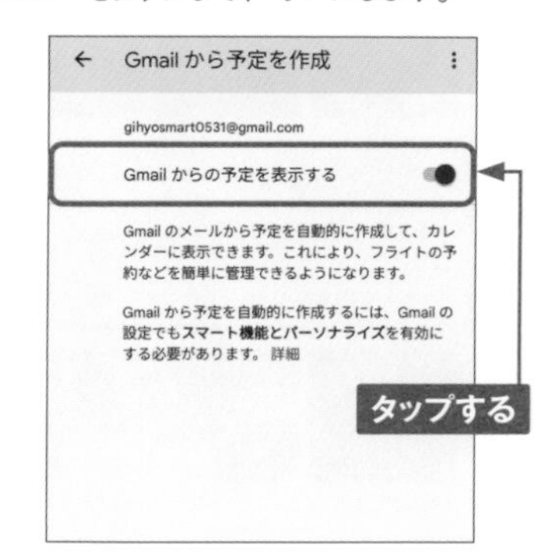

4

Section 093

「マップ」アプリ

周辺のスポットを検索する

「マップ」アプリでは、表示しているエリアのスポットがカテゴリ表示されて、かんたんに検索することができます。「レストラン」「コンビニ」「駐車場」「ホテル」などのカテゴリからすばやく絞込んで、地図上で場所を確認したり、ほかのユーザーの評価や営業時間などを確認したりできます。

1 「マップ」アプリを起動します。検索したいエリアを表示して、上部のカテゴリを選んでタップします。

2 周辺のスポットが表示されます。任意のスポットをタップすると詳細が表示されます。

3 手順**1**の画面で、カテゴリ右端の［もっと見る］をタップすると、さらに多くのカテゴリを選ぶことができます。

MEMO 位置情報の権限

「マップ」アプリなどGPSを利用するアプリは、初回起動時に位置情報の権限を求める画面が表示されます。あとから権限を変更する場合は、「設定」アプリの［位置情報］でアプリを指定して行うことができます（P.108参照）。

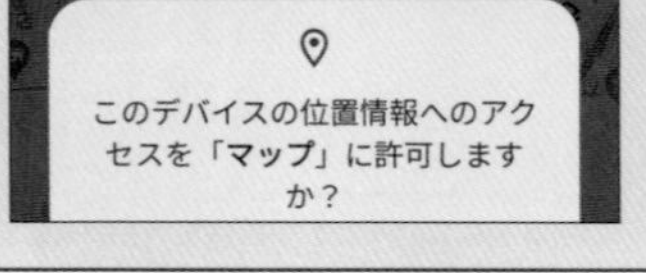

Section 094

「マップ」アプリ

よく行く場所をお気に入りに追加する

「マップ」アプリでは、特定の場所を「お気に入り」「行ってみたい」「スター付き」として追加することができます。よく行くお店や施設を追加しておくとよいでしょう。「お気に入り」は「Google」アプリのコレクション（P.53参照）にも反映され、同じGoogleアカウントを利用するとパソコンやタブレットでも共有できます。

1 「マップ」アプリで任意のお店や施設をタップし、お店や施設の名前をタップします。

2 ［保存］をタップします。

3 お気に入りに追加するには、［お気に入り］をタップして、［完了］をタップします。なお、［スター付き］や［行ってみたい］をタップして、それぞれに追加することもできます。

4 手順**1**の画面で［保存済み］をタップすると、お気に入りに追加した場所を確認できます。

4

「マップ」アプリ

ライブビューを利用する

「マップ」 アプリでは、現在地から目的地までのルートをすばやく検索することができます。徒歩のルート検索の場合は、カメラで写した周囲の景色に、ライブビューでARの案内を表示することができます。

1 「マップ」アプリで目的地を入力し、［経路］→［徒歩］の順にタップします。

2 ［ライブビュー］をタップします。

3 周辺の建物などにPixelのカメラをかざします。

4 画面に進行方向などナビの指示が表示されます。Pixelを手元に下げると地図のルート表示に切り替わります。

4

Section 096

「マップ」アプリ

自宅と職場を設定する

「マップ」アプリでは、「自宅」と「職場」など、自分がよくいる場所をあらかじめ設定することができます。これらの場所を設定しておくことで、経路をすばやく確認できるようになります。

1 「マップ」アプリで［ここで検索］をタップします。

2 ［自宅］または［職場］をタップします。

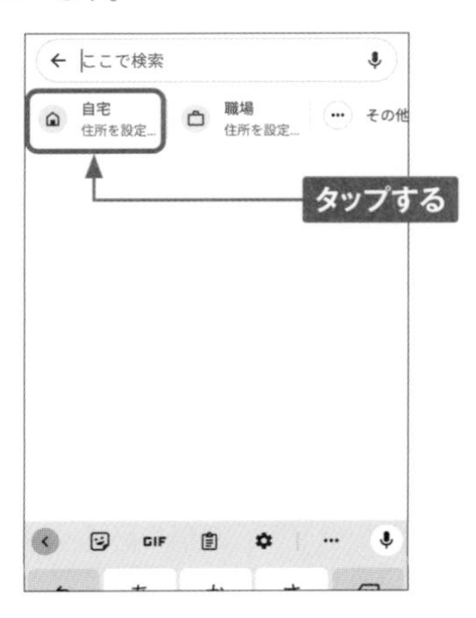

3 自宅や職場の住所を入力し、下に表示された住所をタップします。

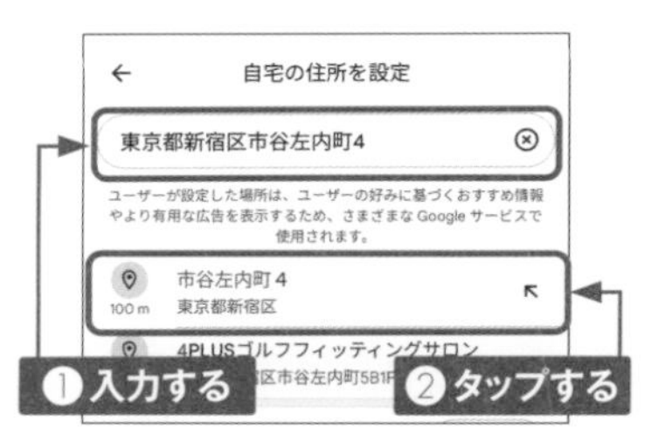

4 ［完了］をタップすると、住所を設定できます。

5 手順**2**の画面で［自宅］をクリックすると、自宅を出発地または目的地とした経路検索をすばやく行えます。

4

Section 097

「マップ」アプリ

訪れた場所や移動した経路を確認する

「マップ」アプリでは、ロケーション履歴をオンにすることにより、Pixelを携帯して訪れた場所や移動した経路が記録されます。日付を指定して詳細な移動履歴が確認できるため、旅行や出張などの記録に重宝します。なお、同じGoogleアカウントを利用すると、パソコンからも同様に移動履歴を確認することができます。

ロケーション履歴をオンにする

1 「設定」アプリを開きます。[位置情報]をタップします。

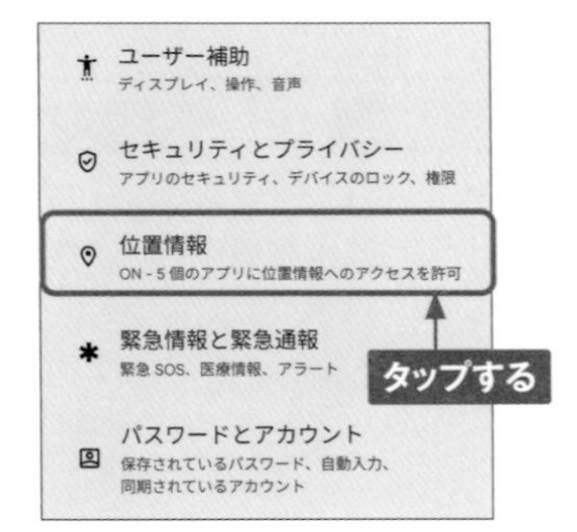

2 「位置情報の使用」がオフの場合はタップして、オンにします。[位置情報サービス]をタップします。

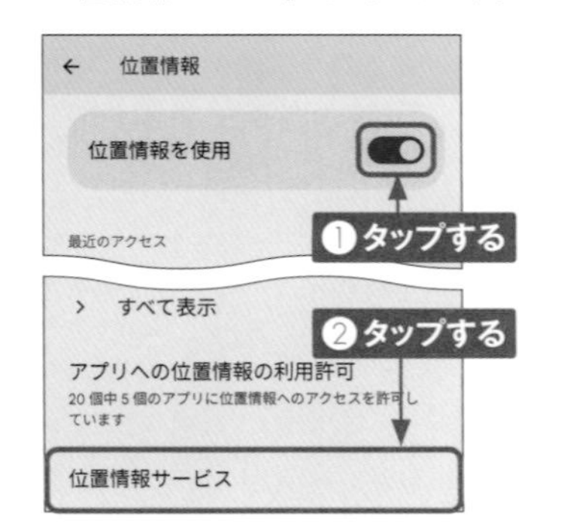

3 [Googleロケーション履歴]をタップします。

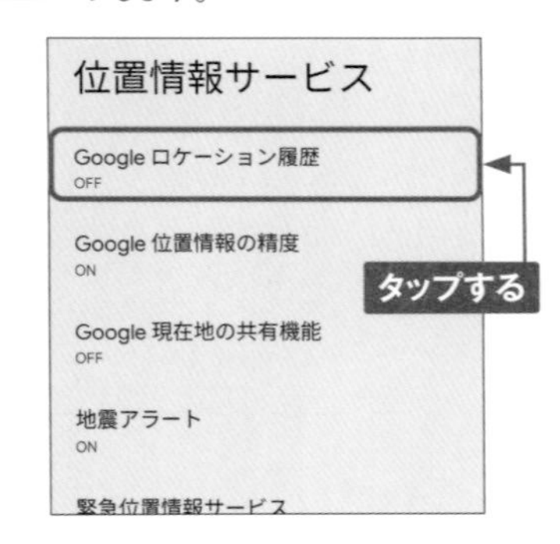

4 「ロケーション履歴」がオフの場合はタップして、[オンにする]→[オンにする]→[OK]をタップします。ロケーション履歴がオンになり、訪れた場所や移動経路が記録されます。

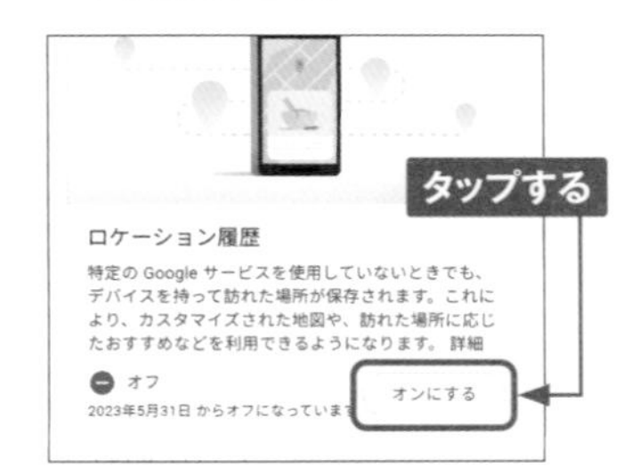

G 移動履歴を表示する

1 「マップ」アプリでプロフィール写真またはイニシャル（アカウントのアイコン）をタップします。

2 ［タイムライン］をタップします。初回は［表示］をタップします。

3 ［今日］をタップします。

4 履歴を確認したい日付をタップします。

5 訪れた場所と移動した経路が表示されます。

MEMO 履歴を削除する

訪れた場所の履歴を削除するには、手順5の画面で場所をタップして［削除］をタップします。その日の履歴をすべて削除するには、⋮→［1日分をすべて削除］→［削除］の順にタップします。

4

「マップ」アプリ

友達と現在地を共有する

「マップ」アプリは、SMSやメールを利用して、友達などに現在いる場所のリンクを送信することができます。リンクを受け取った友達は、「マップ」アプリを開いて居場所を確認できるほか、自分が現在いる場所を知らせることができます。

1 P.127手順2の画面で、[現在地の共有]→[現在地の共有]の順にタップします。次回以降は[新たに共有]をタップします。

2 共有したい人をタップします。または、[その他]をタップして電話番号やメールアドレスを入力します。

3 リンクで共有することを確認して[共有]をタップし、次の画面でも[共有]をタップします。

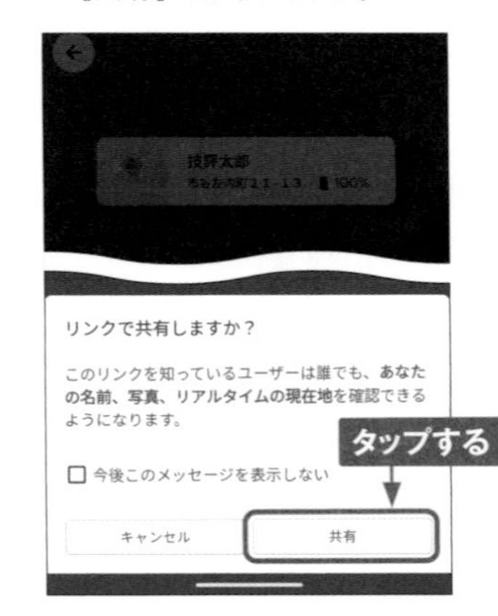

4 「メッセージ」アプリが起動し、現在地のリンクが自動入力されたメッセージが表示されるので送信します。メッセージを受け取った相手は、リンクをクリックすると「マップ」アプリが起動します。

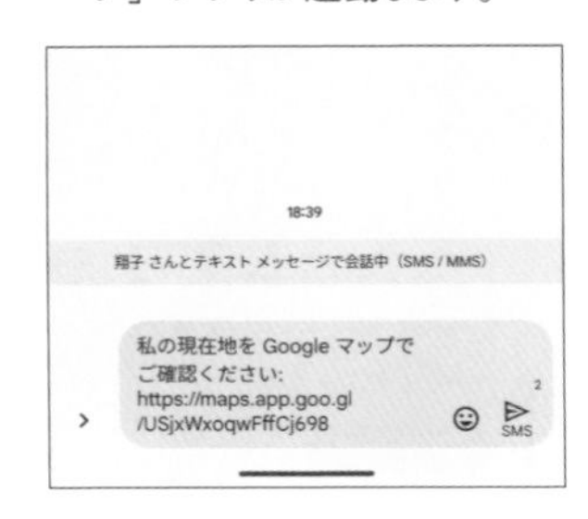

Section 099

画面に写したテキストを翻訳する

「Googleレンズ」

Googleレンズを使うと、カメラに写したテキストを画面内でリアルタイムで翻訳することができます。街中の看板や、商品の説明など、外国語で書いてある短文をすぐに知りたいときに便利に使えます。

1 Googleレンズを起動して、翻訳するテキストにカメラをかざし、[翻訳]をタップします。

2 画面上の言語が自動検出されます。翻訳後の言語を設定します。

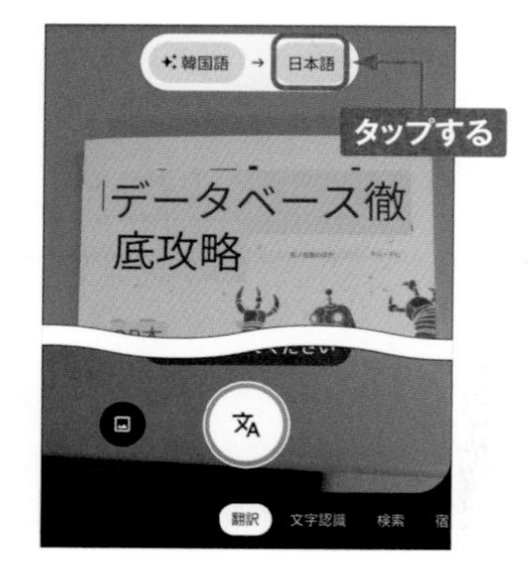

3 画面のテキストがリアルタイムに翻訳されます。

TIPS 翻訳したテキスト利用する

手順3でシャッターボタンをタップすると、翻訳したテキストをコピーしたり、音声で聞いたりすることができます。

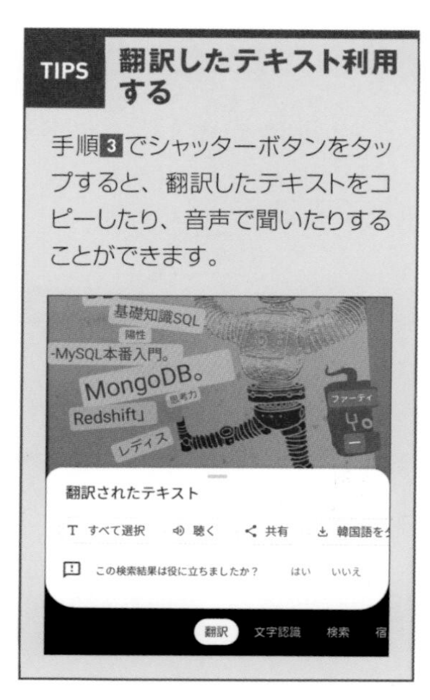

4

リアルタイム翻訳でチャットする

リアルタイム翻訳機能を使うと、SMSアプリ、LINEなどのチャットで、外国語のメッセージが日本語に翻訳されて表示されます。こちらから送信するメッセージは、Gboardキーボードの翻訳機能を利用して、入力した日本語を外国語に翻訳します。

1 「メッセージ」アプリやLINEなどで、外国語のメッセージを受信すると、[日本語に翻訳] が表示されるのでタップします。

2 メッセージが日本語に翻訳されます。以降は [(原語)] [日本語] をタップすると、表示を原語と日本語とで切り替えることができます。

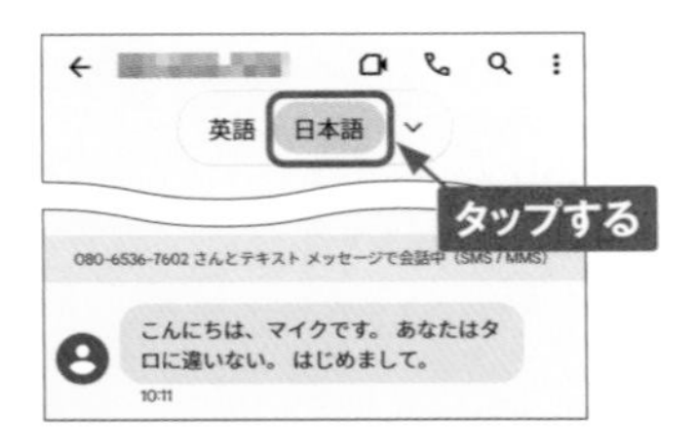

3 メッセージ入力欄をタップすると、下段に翻訳入力欄が表示されるので、タップして日本語でメッセージを入力します。翻訳入力欄が表示されない場合は、Gboardキーボード上部の…→翻訳アイコンをタップします。

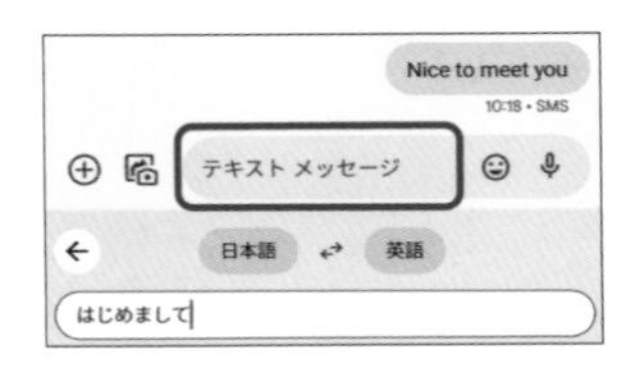

4 入力したメッセージが翻訳されて、訳語がメッセージ入力欄に表示されます。

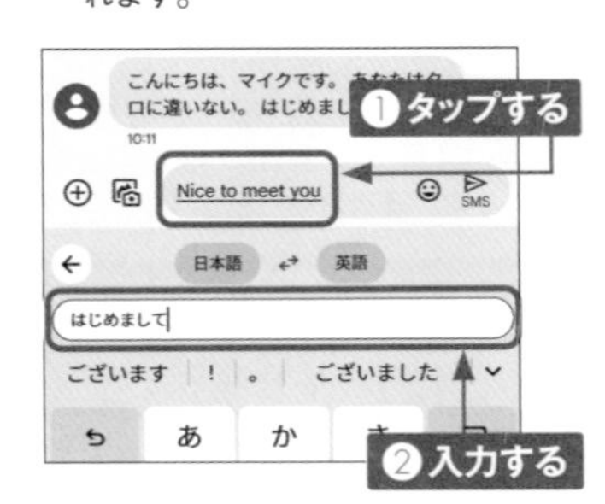

MEMO リアルタイム翻訳の設定

リアルタイム翻訳の設定は、「設定」アプリの [システム] → [リアルタイム翻訳] で行います。翻訳する外国語を追加できるほか、「原文の言語」から、その言語の翻訳をサポートしているサービスを確認することができます。

Section 101

Googleアシスタント

リアルタイム翻訳で会話する

Googleアシスタントを使うと、外国語を使う人とスムーズに会話することができます。Pixelを介して、こちらの話したことと相手の話したことが相互に翻訳されます。初めに翻訳する原語を指定すると、以降はそのまま日本語とその原語でのやり取りができます。オフラインでも利用可能です。

1 Googleアシスタントを起動して、Pixelに「(原語) に翻訳 ～」と話しかけます。

2 翻訳されて指定した原語の訳文が表示され、同時に音声が発せられます。🔊をタップすると、繰り返し同じ訳文が発せられます。

3 🎙をタップして、相手にPixelに向かって話してもらいます。

4 翻訳されて日本語の訳文が表示され、音声が発せられます。

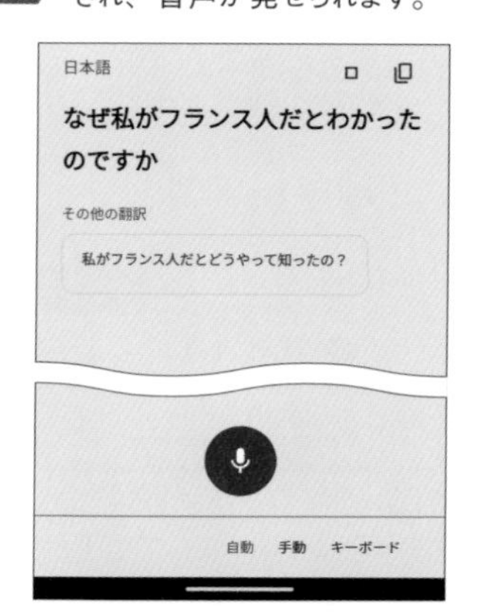

Section 102

「ウォレット」アプリ

ウォレットにクレカを登録する

「ウォレット」アプリはGoogleが提供する決済サービスで、Suica、nanaco、PASMO、楽天Edy、WAONが利用できます。QUICPayやiD、コンタクトレス対応のクレジットカードやプリペイドカードを登録すると、キャッシュレスで支払いができます。

1 「ウォレット」アプリを起動して、[ウォレットに追加] をタップします。

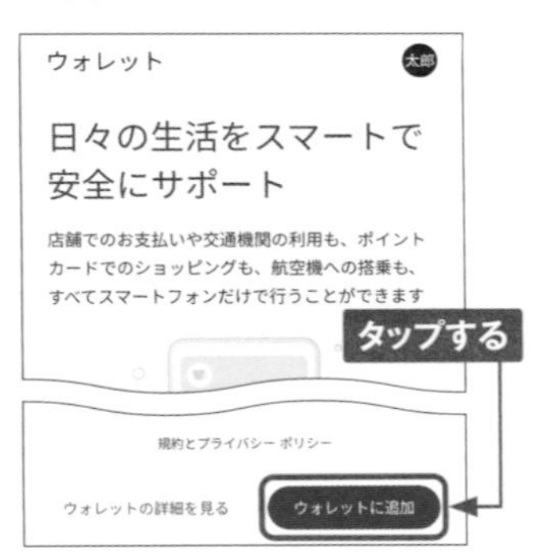

2 クレジットカードを登録する場合は、[クレジットカードやデビットカード] をタップして、次の画面で [新しいクレジットカードかデビットカード] をタップします。

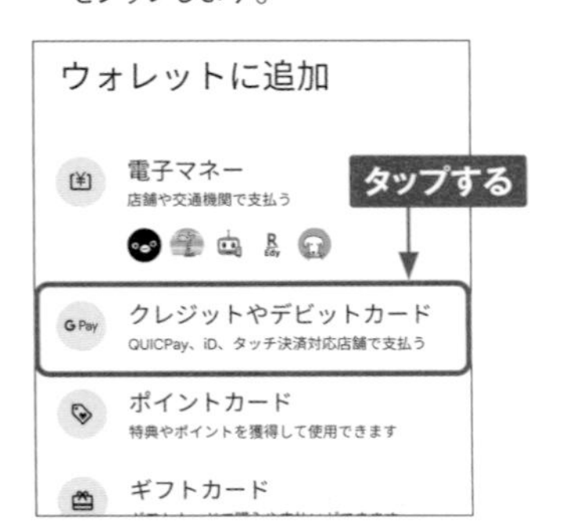

3 クレジットカードにカメラを向けて枠に映すと、カード番号が自動で読み取られます。

4 正しく読み取りができた場合は、カード番号と有効年月が自動入力されるので、クレジットカードのセキュリティコードを入力します。

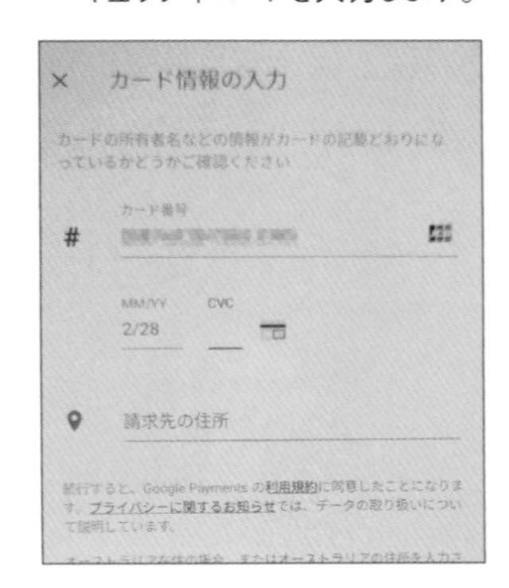

4

Section 103

ウォレットで支払う

「ウォレット」アプリ

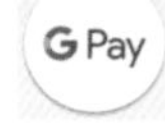

「ウォレット」アプリに対応クレジットカードを登録したら、お店でキャッシュレス払いに使ってみましょう。読み取り機にPixelをかざすだけで支払いが完了するため便利です。なお、QUICPayやiD、コンタクトレスクレカの決済に対応していないクレジットカードの場合でも、ネットサービスの決済であれば利用できます。

1 キャッシュレス対応の実店舗で、会計をするときに、QUICPayやiD、コンタクトレスクレカで支払うことを店員に伝えます。

2 レジの読み取り機にPixelをかざすと支払いが完了します。なお、画面がオフの状態でも有効です。

3 支払い履歴を確認するには、確認したいサービスを選択します。

4 ⋮ をタップし、[ご利用履歴] をタップすると、一覧で表示されます。

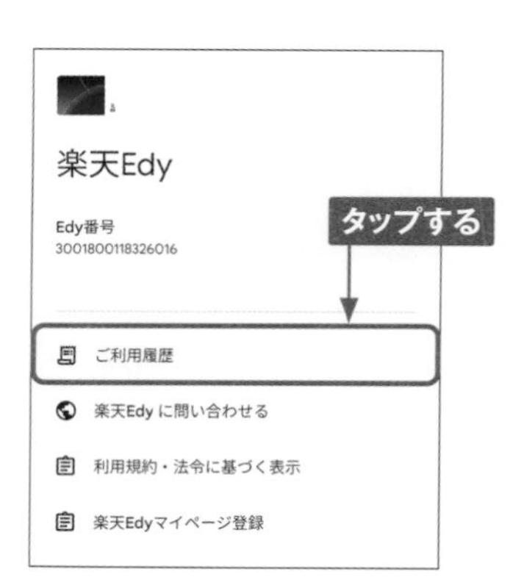

Section 104

「ウォレット」アプリ

ウォレットに楽天Edyを登録する

「ウォレット」アプリに電子マネーを登録すると、クレジットカードの場合と同様に、お店でのキャッシュレス払いに使えます。楽天Edyを登録する方法を紹介しますが、Suica、nanaco、PASMO、WAONも同様の手順で登録できます。なお、電子マネーのチャージは、Googleアカウントに登録済みのクレジットカードやプリペイドカードから行います。

1 P.132手順1の画面で［ウォレットに追加］をタップし、［電子マネー］をタップします。

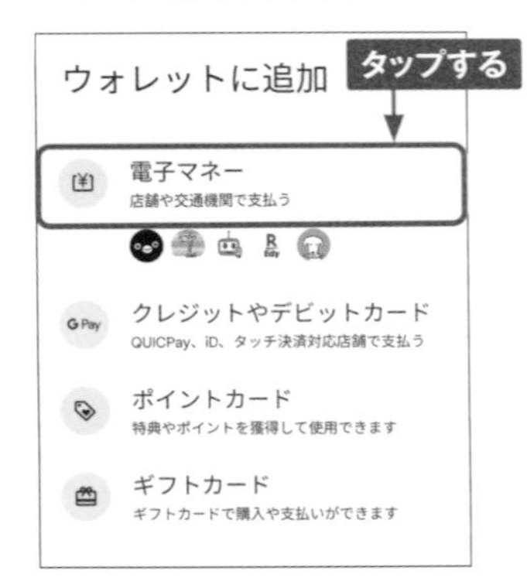

2 ［楽天Edy］をタップします。

3 ［カードを作成］をタップします。

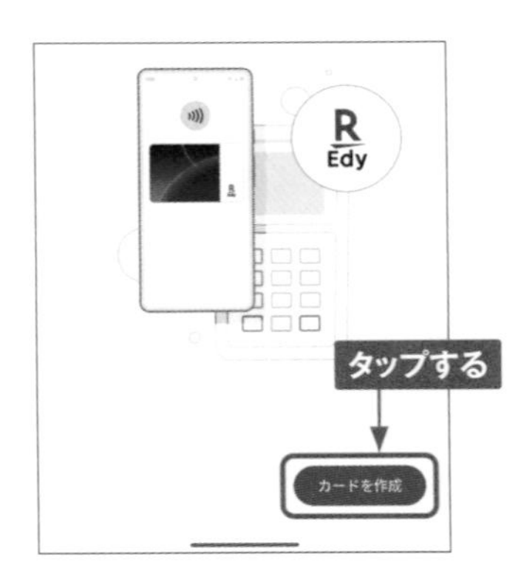

4 プライバシーポリシーを承認すると、楽天Edyがウォレットに追加されます。

Section 105

ポイントカードを管理する

「ウォレット」アプリ

「ウォレット」アプリでは、各種ポイントカードを登録して利用することができます。現在対応している主なポイントカードは、Tカード、dポイントカード、Pontaカード、楽天ポイントカードなどです。登録したポイントカードは、タップしてカードを表示して店頭で利用します。たとえばTカードの場合、バーコードが表示されるので、それを店頭で読み取ってもらいます。

1 P.132手順1の画面で［ウォレットに追加］をタップし、［ポイントカード］をタップします。

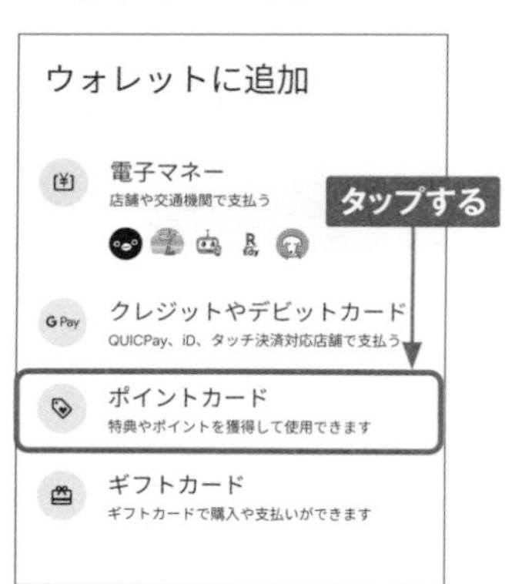

2 登録したいポイントカード（ここでは［Tカード］）をタップします。

3 ［アカウントにログイン］をタップします。

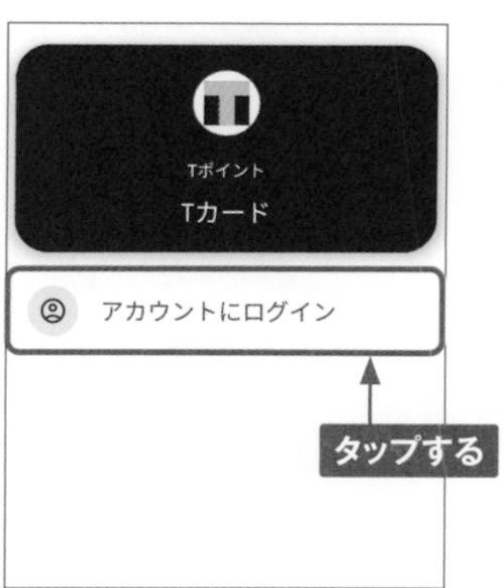

4 以降は画面の指示に従って登録します。

心拍数と呼吸数を測定する

「Google Fit」アプリを使うと、1分間あたりの心拍数、1分間あたりの呼吸数を測定することができます。日常的に心拍リズムや呼吸リズムを記録して、自分の健康状態を把握しましょう。

1 Sec.077を参考に「Google Fit」アプリをインストールして起動します。初回は基本情報の入力や目標の設定を行います。

2 画面を上方向にスクロールして、「心拍数の確認」の［はじめる］をタップします。

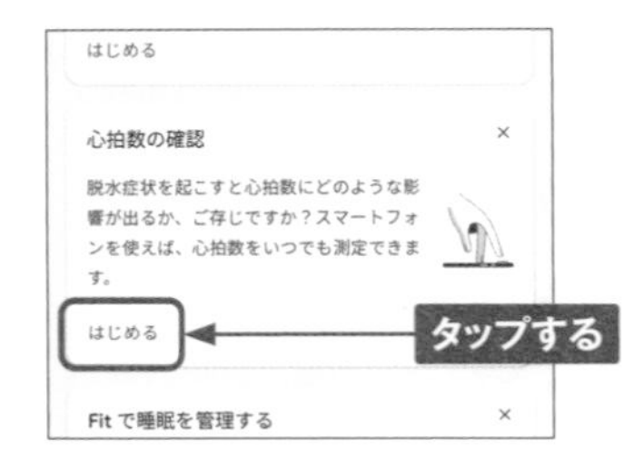

3 背面カメラのレンズに指を当てると測定が始まります。

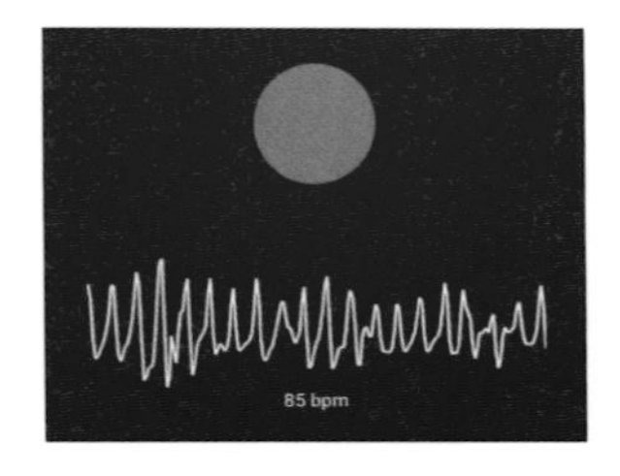

4 1分間あたりの心拍数が測定されます。［測定結果を保存］をタップします。

MEMO 呼吸数の測定

呼吸数の測定は、手順**2**の画面の「呼吸数の記録」から行います。画面に顔と上半身が映るように、前面カメラの向きを調整して固定すると、1分間あたりの呼吸数が測定されます。

Section 107

「ドライブ」アプリ

PixelのファイルをGoogleドライブに保存する

Googleドライブは、1つのGoogleアカウントで、無料で15GBまで使えるオンラインストレージサービスです。同じGoogleアカウントでログインすると、スマートフォンだけでなく、パソコンやタブレットからもドライブ内のファイルにアクセスすることができます。

1 「ドライブ」アプリを起動して、+をタップします。

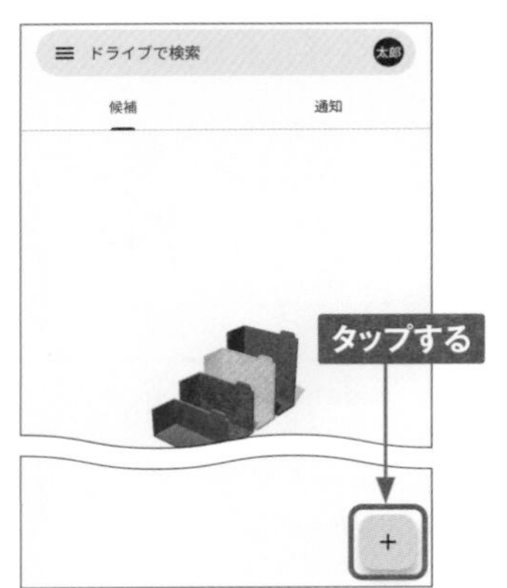

2 ファイルをアップロードするには、[アップロード]をタップします。なお、[フォルダ]をタップするとフォルダを作成できます。

3 任意のフォルダを開き、アップロードしたいファイルをタップします。

4 [ファイル]をタップすると、アップロードしたファイルを確認できます。

4

Section 108

「ドライブ」アプリ

パソコンのファイルをGoogleドライブに保存する

パソコンからWebブラウザやアプリでGoogleアカウントにログインし、Googleドライブにファイルをアップロードすると、Pixelからも同じファイルにアクセスできます。ここではChromeを使用して解説しています。

1 パソコンのChromeで「https://www.google.com」にアクセスし、Googleアカウントでログインします。→［ドライブ］の順にクリックします。

2 Googleドライブの「マイドライブ」が表示されます。［新規］をクリックします。

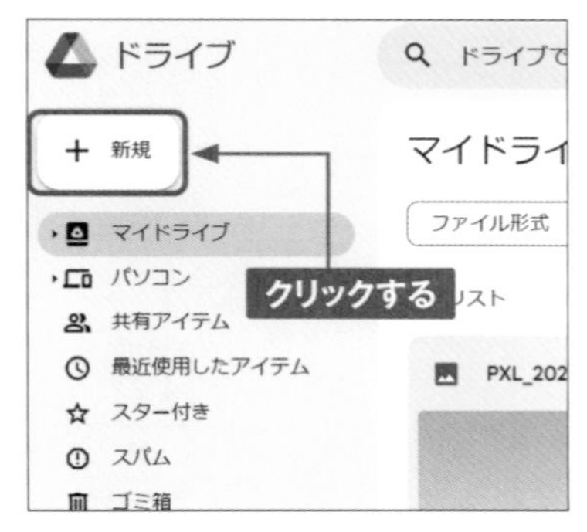

3 ［ファイルのアップロード］をクリックします。なお、フォルダをアップロードする場合は［フォルダのアップロード］をクリックします。

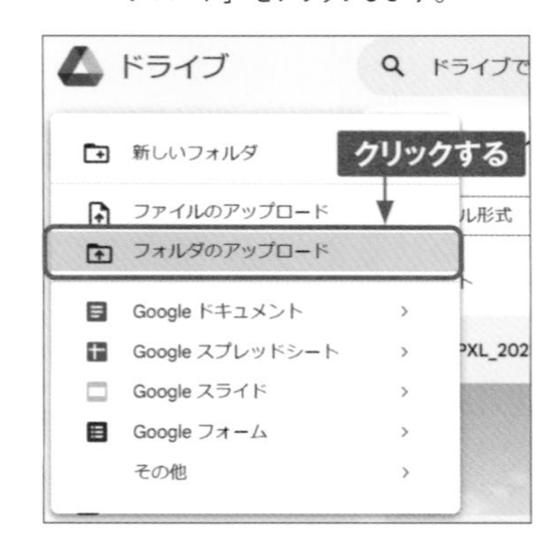

4 ファイルを選択し、［開く］をクリックすると、ファイルがアップロードされます。

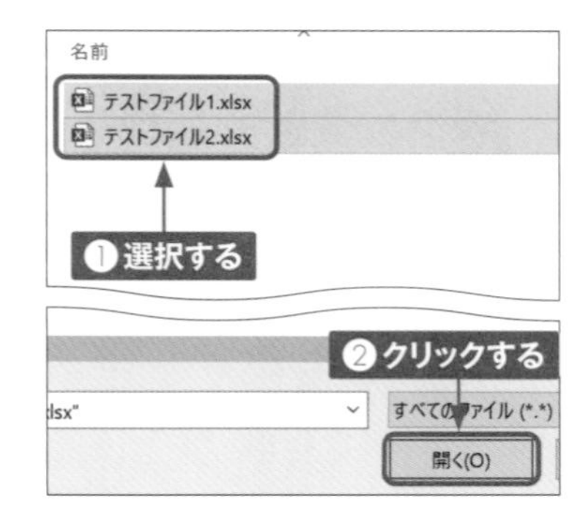

「ドライブ」アプリ

Officeファイルを表示する

「ドライブ」アプリは、マイクロソフトのWordやExcelなどのOfficeファイルを表示することができます。また、「ドライブ」アプリを使って、Googleドライブ内のファイルをPixelにダウンロードすることもできます。

1 ［ホーム］をタップして、アップロード済みのOfficeファイルをタップします。

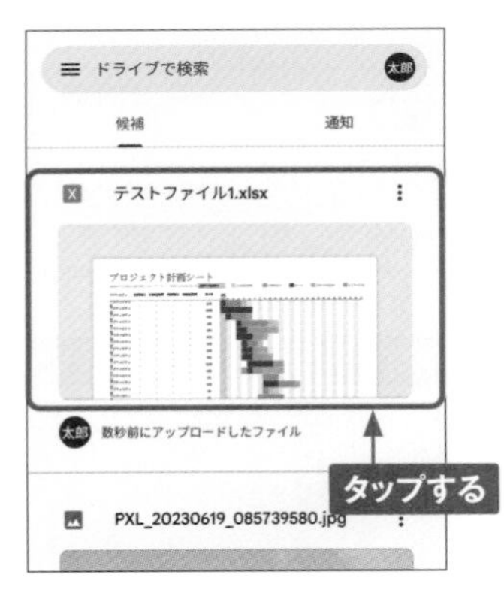

2 ファイルが表示されます。ピンチアウト／ピンチインして表示を調整します。

3 「マイドライブ」に戻るには、←または×をタップします。

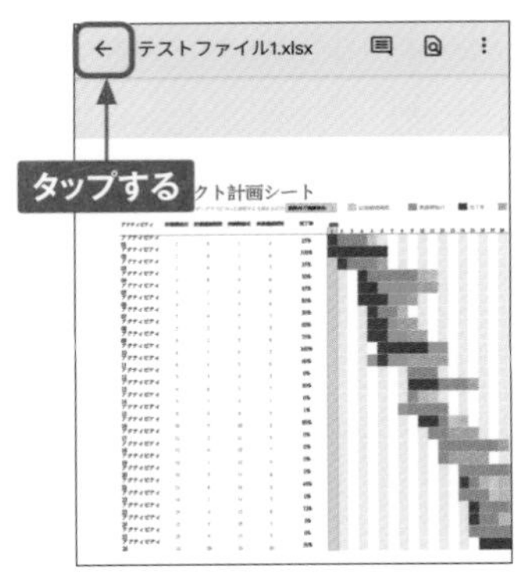

TIPS ファイルをダウンロードする

ファイルをダウンロードするには、手順2の画面で⋮→［ダウンロード］の順にタップします。ダウンロードしたファイルは、「Download」フォルダ内に保存されます。

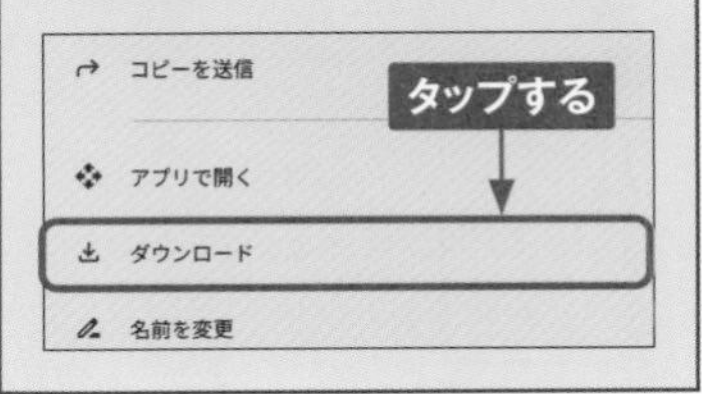

Section 110

「ドライブ」アプリ

Officeファイルを作成する

「ドライブ」アプリでは、マイクロソフトのOfficeファイルに相当するファイルを作成することができます。「Googleドキュメント」はWordに、「Googleスプレッドシート」はExcelに、「Googleスライド」はPowerPointに相当します。

1 ［ホーム］をタップして、＋をタップします。

2 ［Googleドキュメント］［Googleスプレッドシート］［Googleスライド］のいずれかをタップします。なお、［Googleスプレッドシート］［Googleスライド］をタップした場合、初回は［インストール］をタップします。

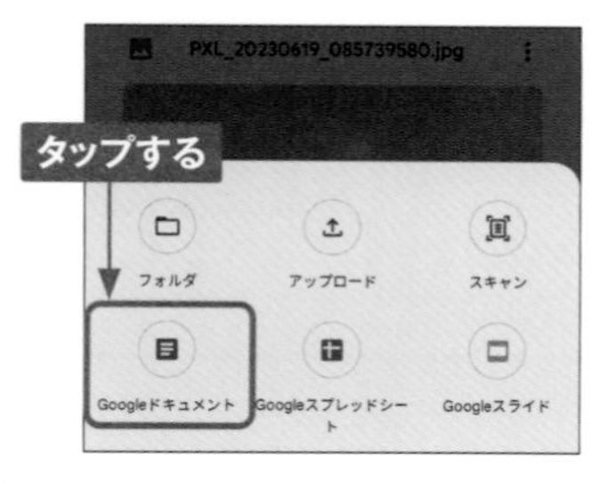

3 ファイルの内容を作成し、✓をタップします。

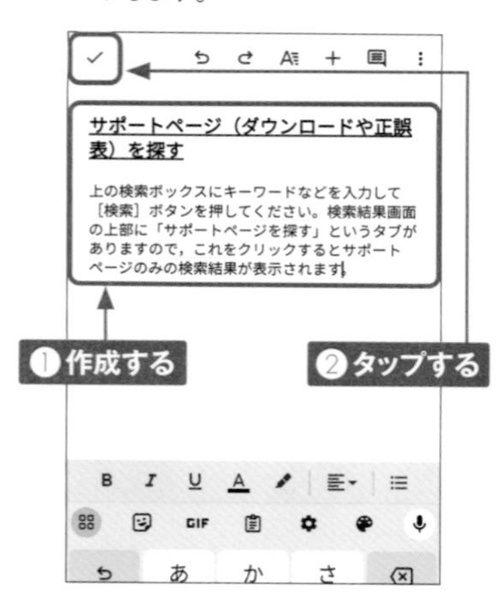

4 ファイルが保存されます。「マイドライブ」に戻るには、✕をタップします。

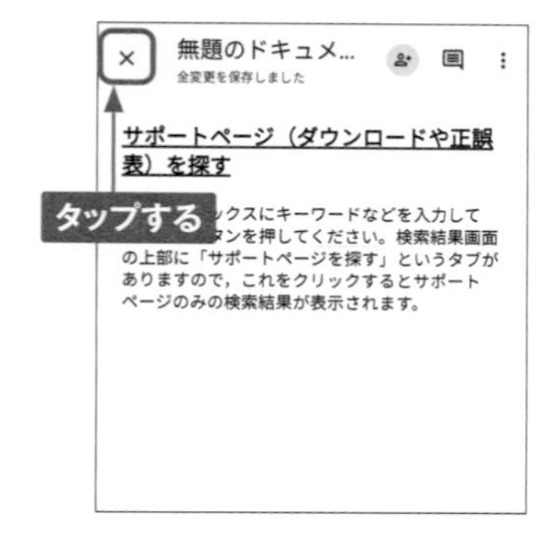

「ドライブ」アプリ

書類をスキャンしてPDFにする

「ドライブ」アプリで、カメラを利用して書類をスキャンすることができます。連続して複数枚をスキャンすることもできるので、すばやく書類をまとめたい場合などに使うとよいでしょう。

1 P.140手順**2**の画面で、［スキャン］をタップします。

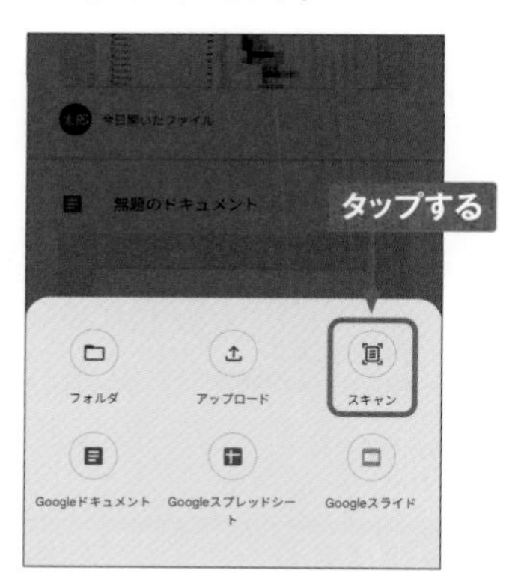

2 カメラを書類に向けて、◎をタップします。

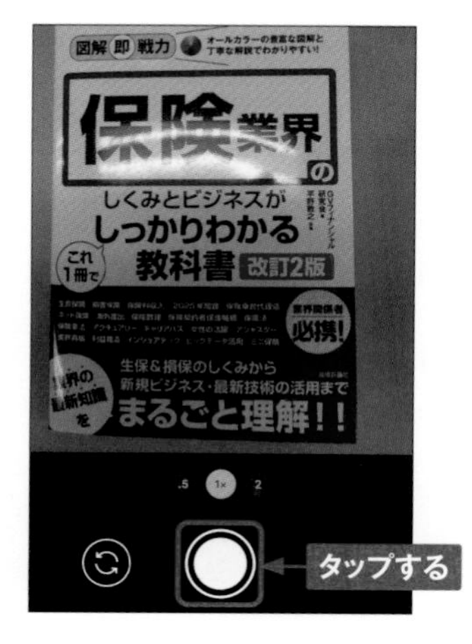

3 ◎をタップするとスキャンされます。◎をタップするとスキャンのやり直しができます。

4 自動的に切り抜かれて遠近補正されますが、▣をタップして調整することもできます。［保存］をタップします。

4

「Files」アプリでファイルを開く

「Files」アプリは、Pixel内のさまざまなファイルにアクセスすることができます。写真や動画、ダウンロードしたファイル（Sec.031、109参照）などのほか、Googleドライブ（Sec.107～111参照）に保存されているファイルを開くこともできます。

1 「Files」アプリを起動します。［見る］をタップし、［ダウンロード］をタップします。

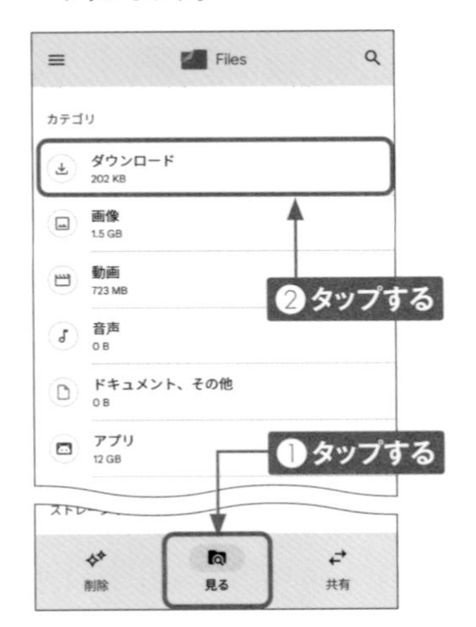

2 開きたいファイルをタップします。

3 ファイルが開きます。

TIPS 「安全なフォルダ」を利用する

「Files」アプリから利用できる「安全なフォルダ」は、画面ロック解除の操作を行わないと保存したファイルを見ることができないフォルダです。「フォト」アプリの「ロックされたフォルダ」と同様の機能です。「Files」アプリで、［見る］→［安全なフォルダ］の順にタップして設定します。

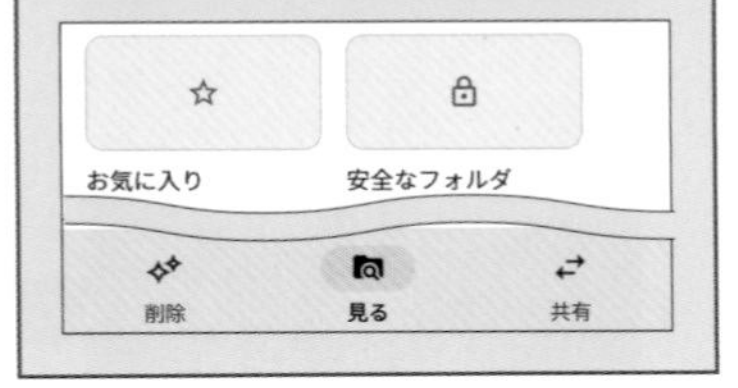

Section 113

「Files」アプリ

「Files」アプリからGoogleドライブに保存する

「Files」アプリでアクセスできる写真や動画は、直接Googleドライブに保存することができます。「Dropbox」アプリや「OneDrive」アプリなどをインストールしていれば、それらにも直接保存が可能です。また、Gmailに写真や動画を添付したり、特定の相手と写真や動画を共有したりすることもできます。

1 P.142手順3の画面で、をタップします。

2 ［ドライブ］をタップします。

3 ファイル名を入力し、保存先のフォルダを選択して、［保存］をタップします。

4 「ドライブ」アプリで、Googleドライブに保存したファイルを確認することができます。

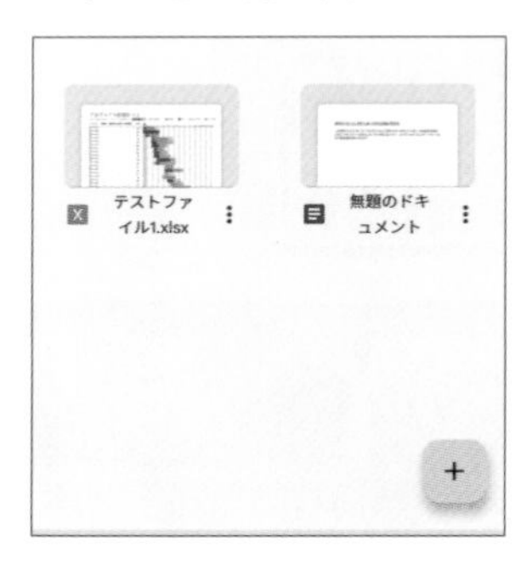

4

「Files」アプリ

ニアバイシェアでファイルを共有する

「Files」アプリのニアバイシェアを使うと、周囲のAndroidスマートフォンにファイルやアプリを送信することができます。ニアバイシェアは、Bluetoothで同期をとり、Wi-Fiを使ってデータをやり取りします。ニアバイシェアは、「設定」アプリのほか、オン／オフをクイック設定からも切り替えることができます。

1 「Files」アプリを開き、［ニアバイシェア］をタップして［送信］をタップします。

2 送信するファイルを選んで、［続行］をタップします。

3 受信側で「Files」アプリを開き、［ニアバイシェア］→［受信］をタップします。ニアバイシェアがオンになります。

4 見つかった送信相手をタップします。

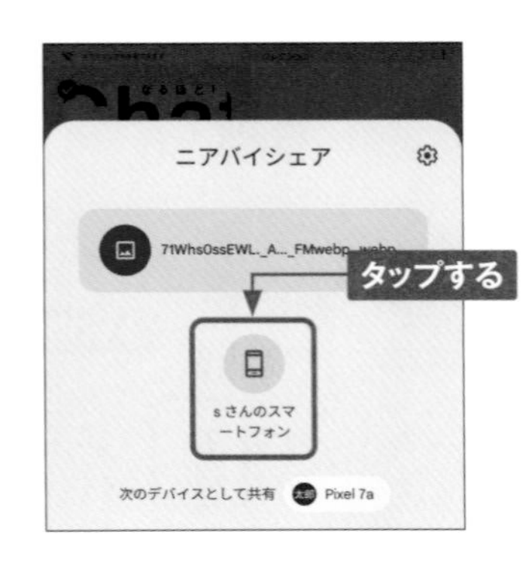

5 受信側は［承認する］をタップします。

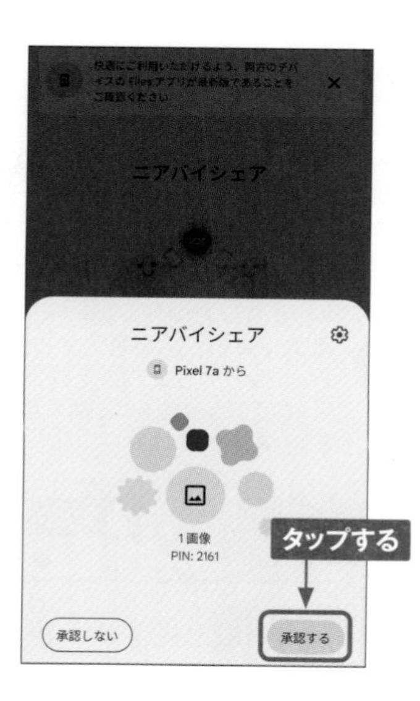

6 受信側は、ファイルの受信が終わったら［ダウンロードを表示］をタップします。

7 受信側で「Files」アプリの「ダウンロード」が開き、受信したファイルを確認することができます。

MEMO **デバイスの公開設定**

ニアバイシェアは、重要なデータを誤って知らない人に送ってしまったり、悪意のあるデータを送られる可能性があります。ニアバイシェアをオンにしたときに、どのデバイスと同期（公開）するかは「設定」アプリ→［Google］→［デバイス、共有］→［ニアバイシェア］→［デバイスの公開設定］で設定することができます。デフォルトは「連絡先」です。

- 「連絡先」→連絡帳に登録のあるGoogleアカウントのデバイス
- 「全ユーザー対象」→すべてのデバイス
- 「あなたのデバイス」→Pixelと同じGoogleアカウントで利用しているデバイス

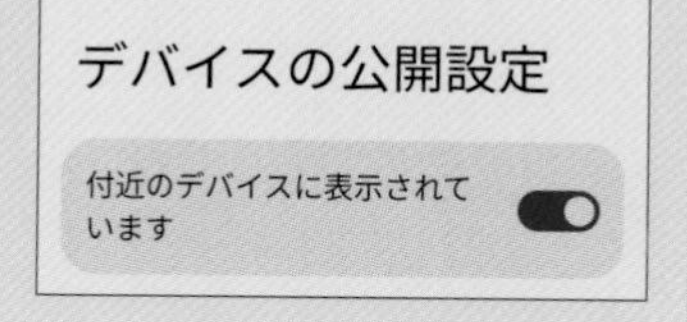

4

Section 115

「Files」アプリ

不要なデータを削除する

「Files」アプリを使うと、ジャンクファイルやストレージにある不要データを、かんたんに見つけて削除することができます。不要データの候補には、「アプリの一時ファイル」、「重複ファイル」、「サイズの大きいファイル」、「過去のスクリーンショット」、「使用していないアプリ」などが表示されます。

1 「Files」アプリを開いて、[削除]をタップします。

2 ダッシュボードに表示された、削除するデータの候補の［ファイルを選択］をタップします。

3 削除するデータを選択する画面で、ファイルやアプリを選択して［○件のファイルをゴミ箱に移動］をタップします。

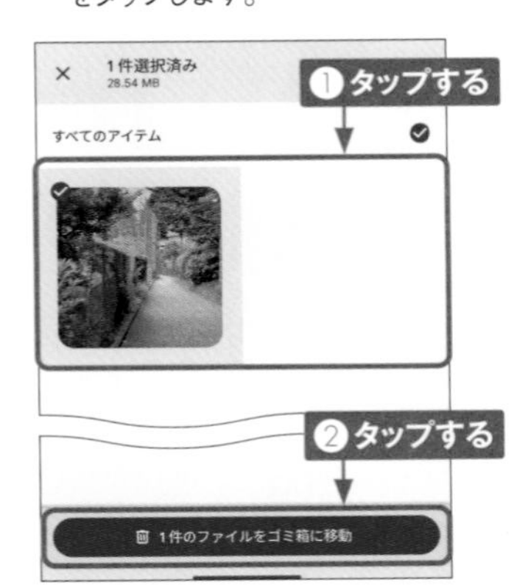

4 データが削除されます。

Googleドライブにバックアップを取る

「設定」アプリ

Pixelストレージ内のデータを自動的にGoogleドライブにバックアップするように設定することができます。バックアップできるデータは、アプリとアプリのデータ、通話履歴、連絡先、デバイスの設定、写真と動画、SMSのデータです。

1 「設定」アプリを開き、[システム]をタップします。

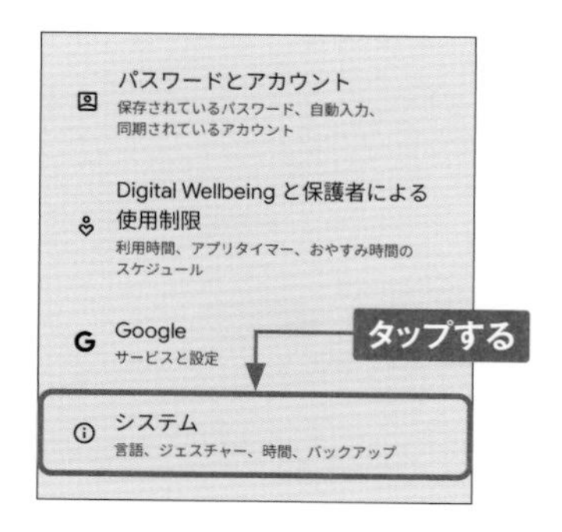

2 [バックアップ]をタップします。

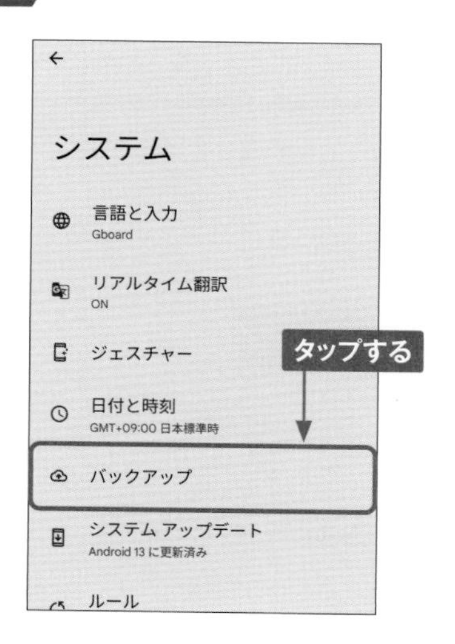

3 [Google Oneバックアップ]がオフの場合はタップしてオンにします。

MEMO 画像のバックアップ

Pixelで撮影した写真や動画は、自動的にGoogleドライブにバックアップされます。ダウンロードした画像やスクリーンショットをバックアップする場合は、「フォト」アプリで、[ライブラリ]→（フォルダ名）の順にタップし、[バックアップ]をオンにします。

Section 117

「ドライブ」アプリ

Googleドライブの利用状況を確認する

Googleドライブの容量と利用状況は、「ドライブ」アプリから確認することができます。Googleドライブの容量が足りなくなった場合や、もっとたくさん利用したい場合は、手順2の画面か「Google One」アプリから、有料の「Google One」サービスにアップグレードして容量を増やすことができます。

1 「ドライブ」アプリを開いて、≡→[ストレージ]の順にタップします。

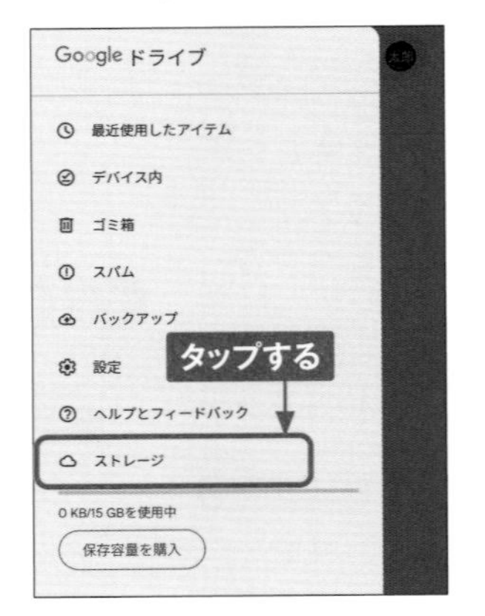

2 現在のGoogleドライブの容量と利用状況が表示されます。

TIPS 「Google One」アプリ

Googleドライブの容量と利用状況は、「Google One」アプリからも確認することができます。「Google One」アプリを開いて、[使ってみる]→[スキップ]→[ストレージ]の順にタップします。また有料の「Google One」サービスにアップグレード後は、「Google One」アプリでサポートや特典を受けることができます。

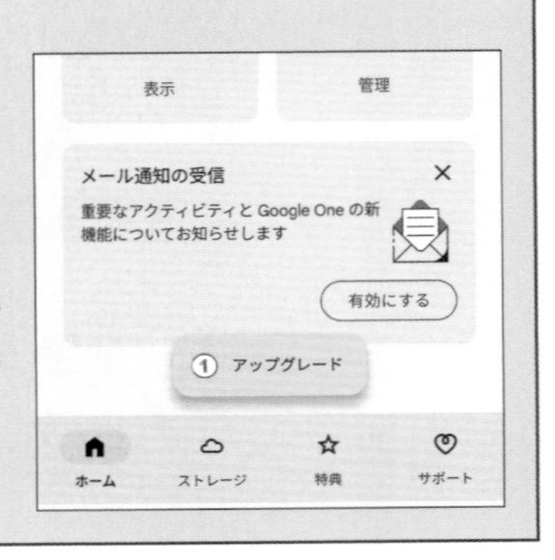

Pixelをさらに使いこなす活用技

Section 118

「設定」アプリを使う

「設定」アプリ

「設定」アプリは、ユーザーの利用状況に応じて、表示される項目やカードがアダプティブに変わります。また、キーワードで検索した設定項目がハイライト表示になったり、未設定の項目をポップアップで表示してユーザーに確認を促します。
「設定」アプリのいくつかの画面では、ダッシュボードデザインが採用されていて、ユーザーの利用状況や設定状態が一目でわかるようになっています。たとえば、アプリの利用時間がグラフで表示されたり、設定のオン／オフがアイコンで表示されたりします。

●「セキュリティとプライバシー」

設定しているセキュリティ項目により上部のアイコンの色とデザインが変わり、Pixelの安全対策がなされているかが一目でわかります。未設定の項目は、ポップアップで確認を促します。また、項目をタップして開かなくても、アイコンの表示で設定状態がわかります。

「設定」アプリ→［セキュリティとプライバシー］

●「Googleアカウント」

「データとプライバシー」タブでは、設定状態を確認するための"提案"が表示されたり、"診断"を行ったりすることができます。また、ユーザーの利用状況により、表示されるカードが変わります。オンにしているカードにはチェックが付いて、タップして開かなくても設定状態がわかります。

「設定」アプリ→［Google］→［Googleアカウントの管理］

5

G 設定項目を検索する

「設定」アプリはカテゴリが多く、設定項目によっては階層が深いものがあります。すばやく設定項目にたどり着くために、キーワードで設定項目を検索するとよいでしょう。

1 「設定」アプリを開き、[設定を検索]をタップします。

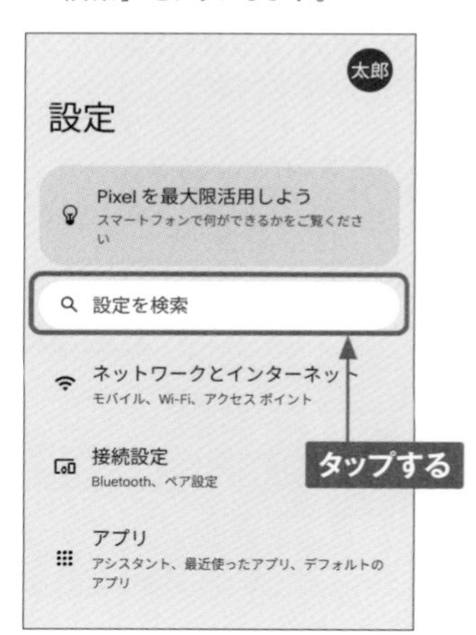

2 設定項目に関するキーワードを入力し、候補をタップします。

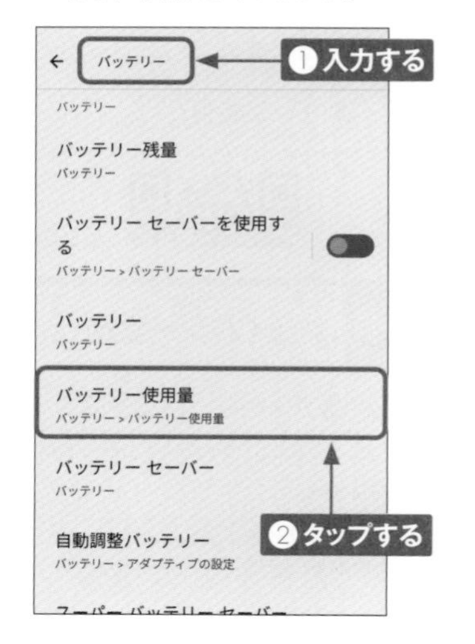

3 選択した設定項目の内容が表示されます。

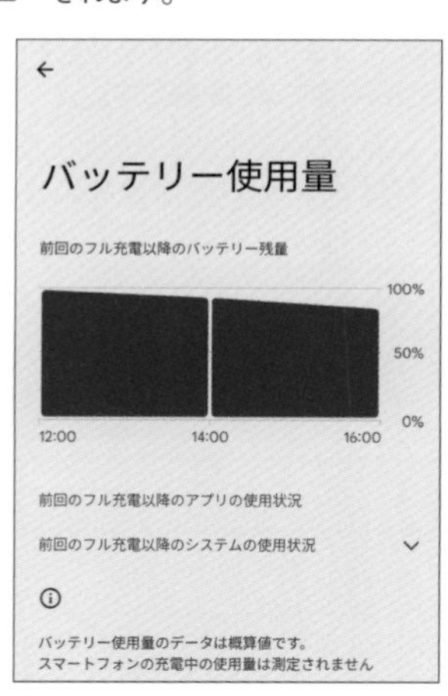

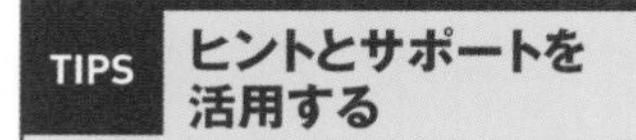

[設定]アプリの画面下部の[ヒントとサポート]をタップすると、設定したいことや問題を文章で入力して、設定項目やヒントの記事を検索できます。サポートもここから受けられます。

Section 119

Wi-Fiに接続する

「設定」アプリ

自宅のWi-Fiアクセスポイントや公衆無線LANなどのWi-Fiネットワークがあれば、モバイルネットワークを使わなくてもインターネットに接続できます。Wi-Fiを利用することで、より快適にインターネットが楽しめます。なお、Wi-Fiのオン/オフを切り替える場合は、クイック設定を利用すると便利です。

1 「設定」アプリを開き、[ネットワークとインターネット]→[インターネット]の順にタップします。

2 [Wi-Fi]がオフの場合はタップしてオンにします。

3 接続するアクセスポイントをタップします。

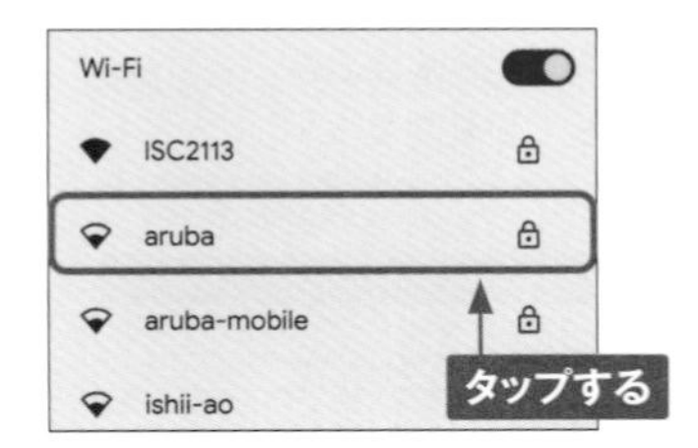

4 Wi-Fiネットワークのパスワードを入力し、[接続]をタップします。

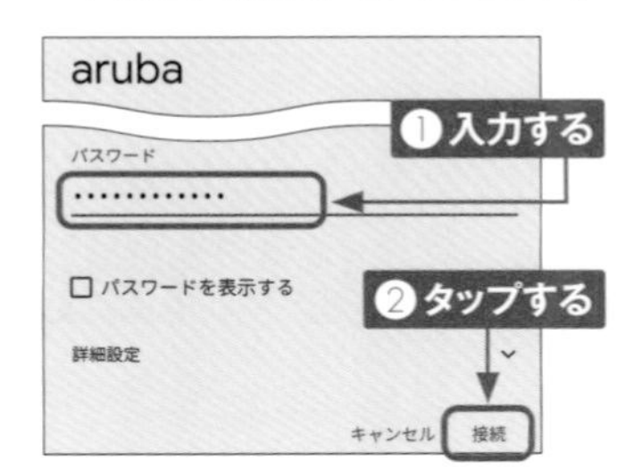

5 手順**3**の画面で、登録したアクセスポイント→[共有]の順にタップすると、QRコードやニアバイシェアで、ほかの機器にアクセスポイント名とパスワードを共有することができます。

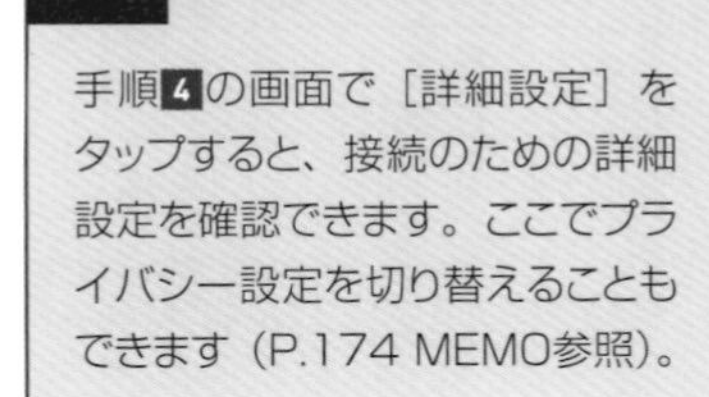

MEMO プライバシー設定

手順**4**の画面で[詳細設定]をタップすると、接続のための詳細設定を確認できます。ここでプライバシー設定を切り替えることもできます（P.174 MEMO参照）。

Section 120

VPNサービスを利用する

「設定」アプリ

Pixel 7aは、GoogleのVPNサービスを利用することができます。VPN（仮想専用線）は通信データが暗号化されるので、公衆無線LANなどのWi-Fi接続時にオンにすると、安全にインターネットを利用することができます。一方、データのデコードのために通信速度が遅くなる可能性があります。自宅、職場、学校など信頼できるWi-Fiスポットでは、VPNをオフにしてもいいでしょう。

1 「Google One」アプリを起動し、［使ってみる］をタップします。

2 ［スキップ］をタップします。

3 「VPN」パネルの［使ってみる］をタップします。

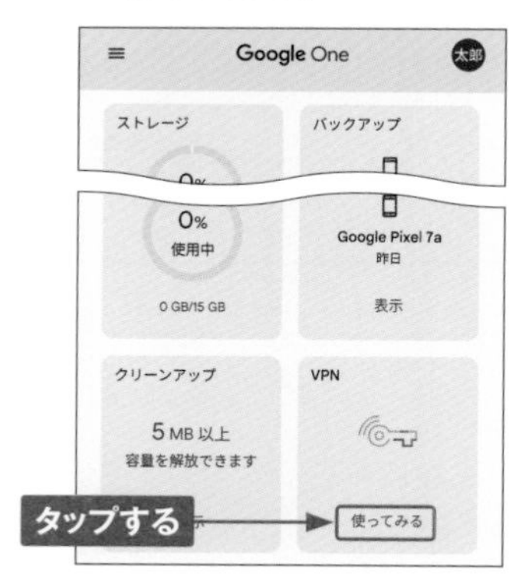

4 ［VPNの使用］をタップしオンにします。「鍵」のステータスアイコンが表示されます。

5

「設定」アプリ

PixelをWi-Fiアクセスポイントにする

Wi-Fiテザリングをオンにすると、PixelをWi-Fiアクセスポイントとして、タブレットやパソコンなどをインターネットに接続できます。出先などで活用するとよいでしょう。

1 「設定」アプリを開き、[ネットワークとインターネット] → [アクセスポイントとテザリング] → [Wi-Fiアクセスポイント] をタップします。

2 [Wi-Fiアクセスポイントの使用] をタップしてオンにします。

3 ほかの機器から接続するには、手順**2**の画面に表示されているアクセスポイント名（ここでは"Pixel_9058"）と、[アクセスポイントのパスワード] をタップして表示されるパスワードを利用します。

4 手順**2**の画面で、をタップするとQRコードやニアバイシェアで、ほかの機器にアクセスポイント名とパスワードを共有することができます。

「設定」アプリ

パソコンをWi-Fiアクセスポイントにする

Windows11のモバイルホットスポットをオンにすることで、パソコンをWi-Fiアクセスポイントにして、Pixelをインターネットに接続することができます。出先で有線LANしか使用できない場合などに効果的です。

1 Windows11の設定メニューを開き、［ネットワークとインターネット］→［モバイルホットスポット］の順にクリックします。

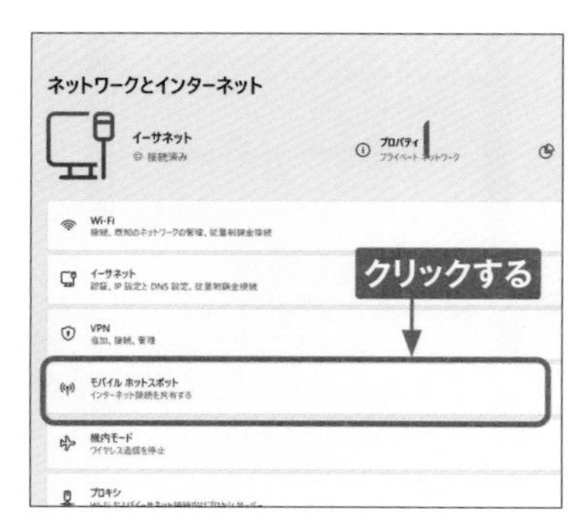

2 ［モバイルホットスポット］をクリックしてオンにします。［編集］をクリックして、必要に応じてネットワーク名とパスワードを変更します。

3 PixelのP.154手順**3**の画面で、手順**2**で設定したネットワーク名をタップします。

4 手順**2**で設定したパスワードを入力し、［接続］をタップします。

「設定」アプリ

Bluetooth機器を利用する

Bluetooth対応のキーボード、イヤフォンなどとのペアリングは以下の手順で行います。Bluetoothは、ほかの機器との通信のほかに、ニアバイシェアなどで付近のスマートフォンとのデータ通信にも使用されます。

1 接続するBluetooth機器の電源をオンにし、「設定」アプリで、[接続済みのデバイス] → [新しいデバイスとペア設定] の順にタップします。

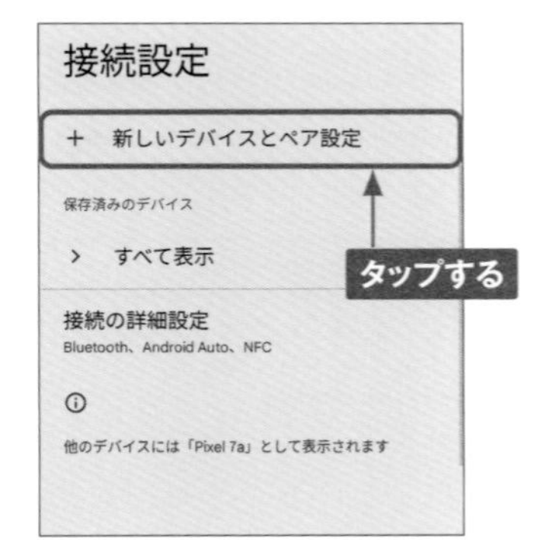

2 接続するBluetooth機器名をタップします。

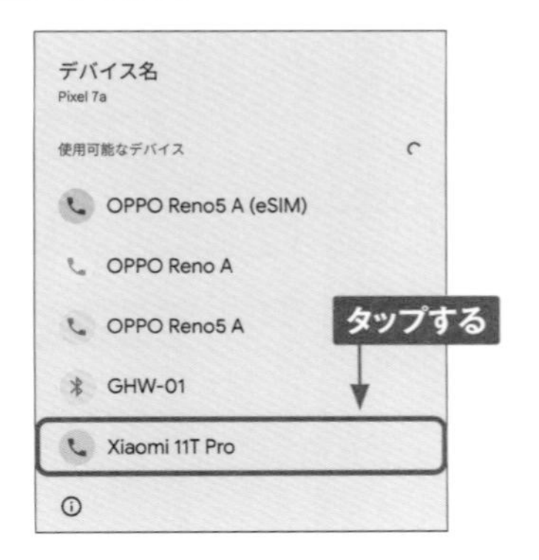

3 [ペア設定する] をタップします。ペアリングコードを求められた場合は、入力します。

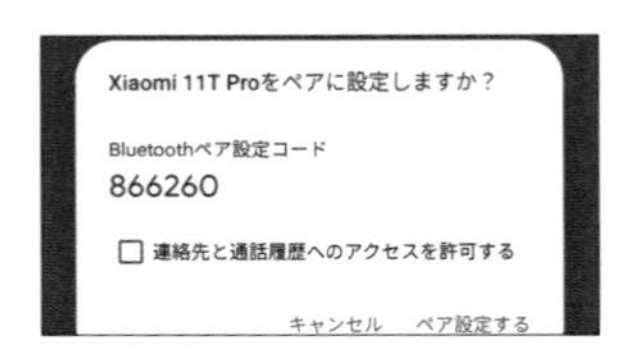

4 Bluetooth機器が接続されます。なお、接続を解除するには、機器の名前をタップし、[接続を解除] をタップします。

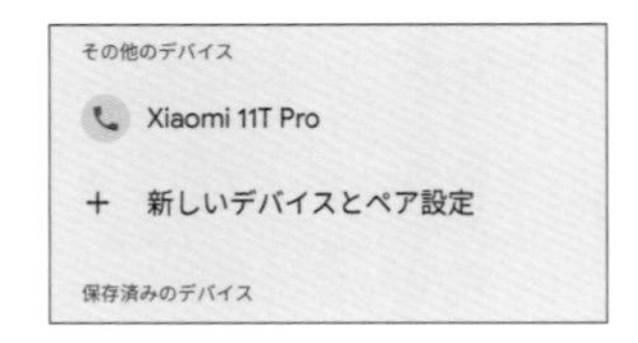

MEMO NFC対応機器を接続する

NFC対応のBluetooth機器を接続する場合は、手順1の画面で [接続の設定] をタップし、「NFC」がオンになっていることを確認して、背面を機器のNFCマークに近付け、画面の指示に従って接続します。

Section 124

「設定」アプリ

Bluetoothテザリングを利用する

Bluetoothテザリングをオンにすると、PixelのBluetoothを経由して、スマートフォンやパソコンなどをインターネットに接続できます。Wi-Fiテザリング（Sec.121参照）を利用するよりもバッテリーの消費が少ないため、機器がBluetoothに対応している場合におすすめの接続方法です。

1 「設定」アプリを開き、［ネットワークとインターネット］→［アクセスポイントとテザリング］→［Bluetoothテザリング］の順にタップします。

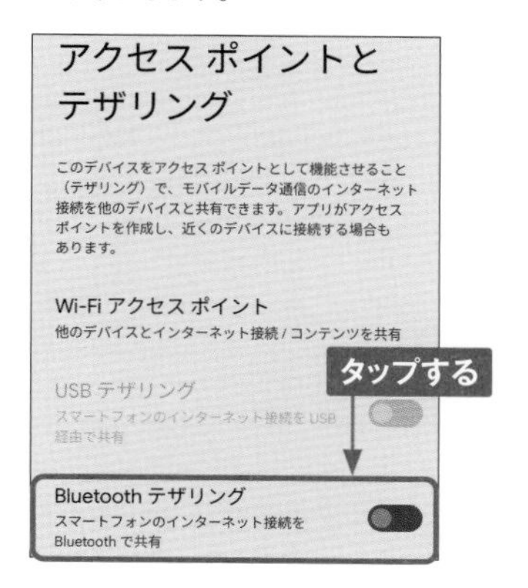

2 Bluetoothテザリングがオンになります。接続するデバイスのBluetoothをオンにします。

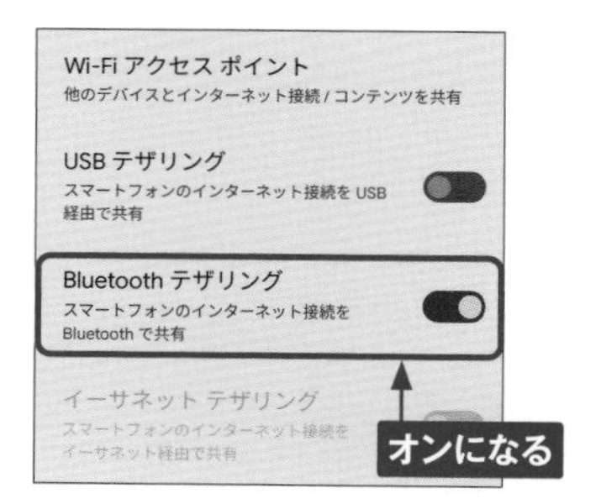

3 P.156手順**1**～**2**の画面で、接続するデバイス名をタップします。接続するデバイスから、BluetoothでPixelと接続します。Pixelにデバイス名が表示されるのでタップします。

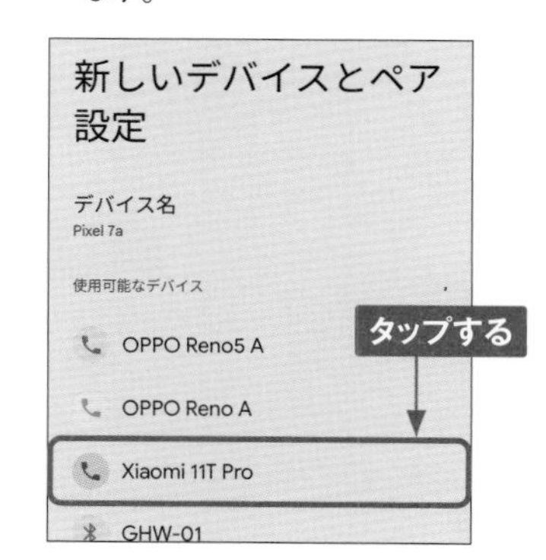

4 「Bluetoothペア設定コード」が表示されます。［ペア設定する］をタップすると接続が完了します。

5

Section 125

「設定」アプリ

データ通信量が多いアプリを探す

契約している携帯電話会社のデータプランで定められている月々のデータ通信量を上回ると通信速度に制限がかかることもあります。アプリごとのデータ通信量を調べることができるので、通信量が多いアプリを見つけて、Sec.126の方法でバックグラウンドでの通信をオフにするなどの対処をするとよいでしょう。

1 「設定」アプリを開き、[ネットワークとインターネット]→[インターネット]をタップします。

2 利用しているネットワーク名の ⚙ をタップします。

3 [アプリのデータ使用量]をタップします。

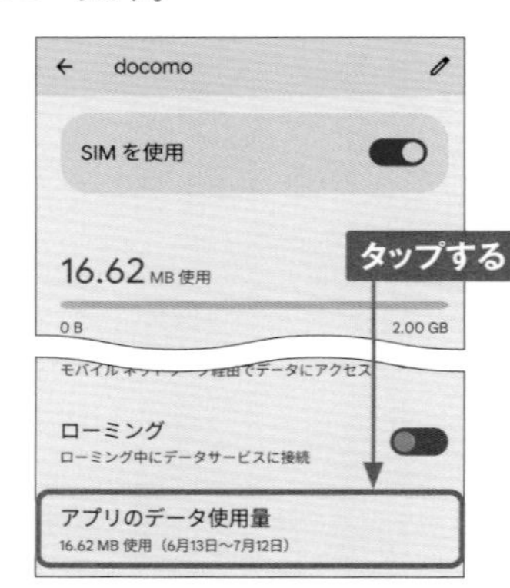

4 データ通信量の多い順にアプリが一覧表示され、それぞれのデータ通信量を確認できます。

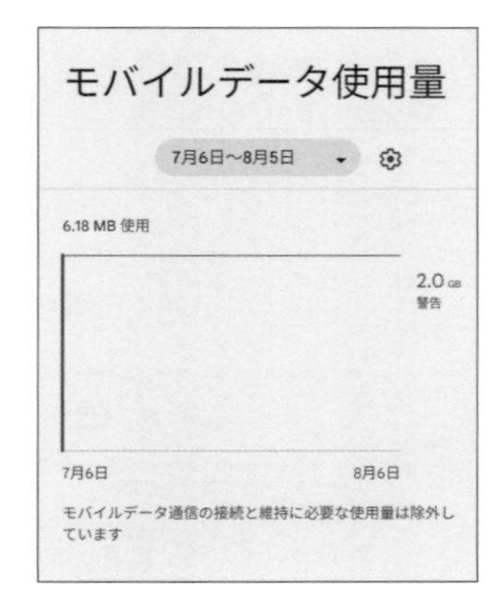

Section 126

アプリごとに通信を制限する

「設定」アプリ

アプリの中には、使用していない状態でも、バックグラウンドでデータの送受信を行うものがあります。バックグラウンドのデータ通信はアプリごとにオフにすることができるので、データ通信量が気になるアプリはオフに設定しておきましょう。ただし、バックグラウンドのデータ通信がオフになると、アプリからの通知が届かなくなるなどのデメリットもあることに注意してください。

1 P.158手順4の画面で、バックグラウンドのデータ通信をオフにしたいアプリをタップします。

2 ［バックグラウンドデータ］をタップします。

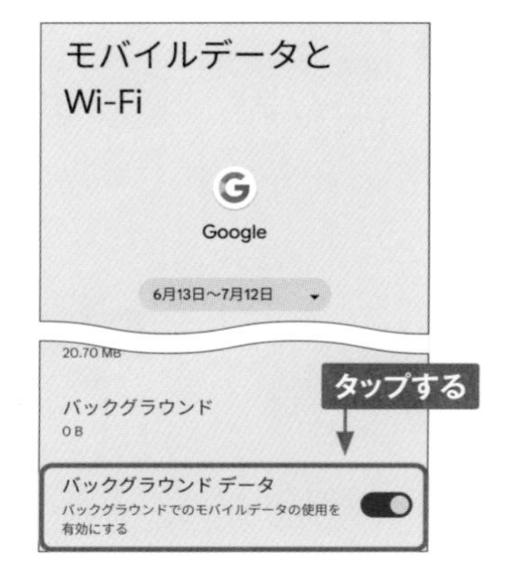

3 バックグラウンドのデータ通信がオフになります。

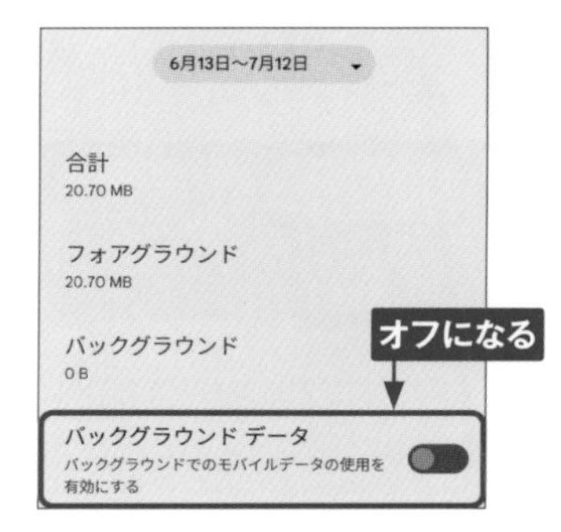

MEMO データセーバーを使用する

データセーバーを使用すると、複数のアプリのバックグラウンドのデータ通信を一括してオフにできます。データセーバーをオンにするには、P.158手順1の画面で［データセーバー］→［データセーバーを使用］の順にタップします。

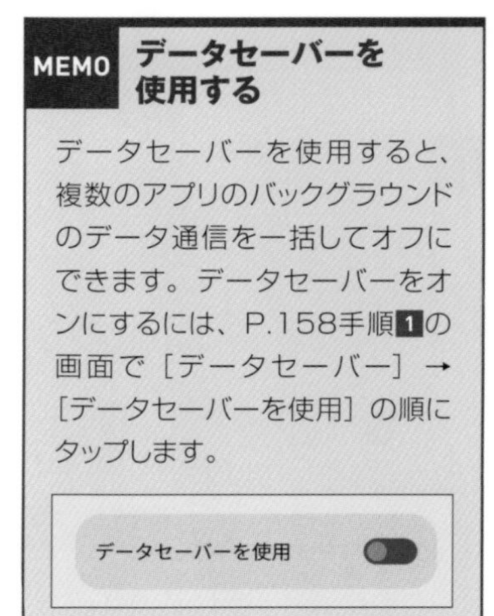

5

Section 127

「設定」アプリ

通知を設定する

アプリやシステムからの通知は、「設定」アプリで、通知のオン／オフを設定することができます。アプリによっては、通知が機能ごとに用意されています。たとえばSNSアプリには、「コメント」「いいね」「おすすめ」「最新」「リマインダーなどを受信したとき」それぞれの通知があります。これらを個別にオン／オフにすることもできます。

通知をオフにする

1 ホーム画面を下方向にスワイプして通知パネルを表示し、通知を長押しします。

2 ⚙をタップします。

3 「設定」アプリの「通知」が開き、手順1で選んだ通知がハイライト表示されます。

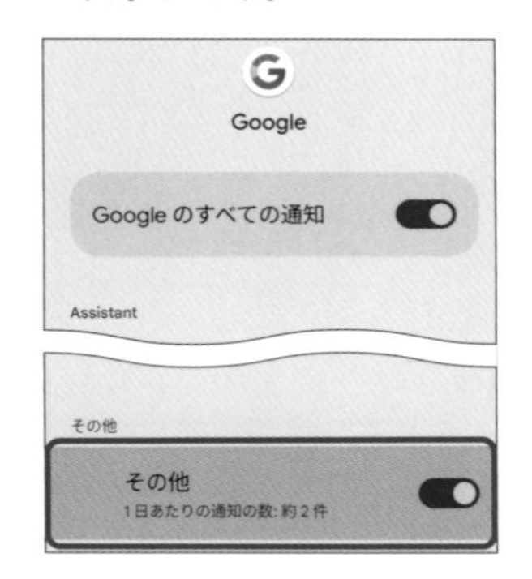

4 右側のトグルをタップすると、その通知がオフになります。

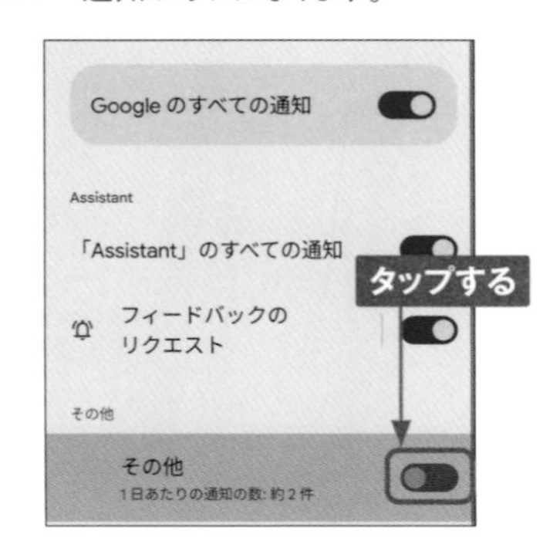

5

アプリごとに通知を設定する

1 ホーム画面を下方向にスワイプして通知パネルを表示し、[管理] をタップします。

2 「設定」アプリの「通知」が開きます。[アプリの設定] をタップします。

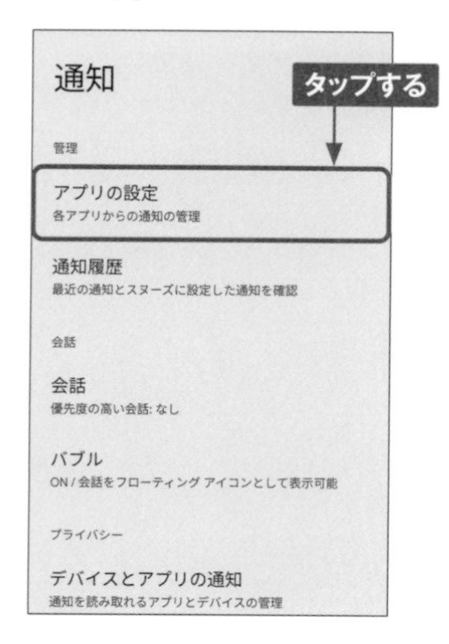

3 アプリ名の右側のトグルをタップすると、そのアプリのすべての通知がオフ／オンになります。[新しい順] をタップすると、通知件数の多いアプリや、通知がオフになっているアプリを表示することができます。

4 手順**3**の画面でアプリ名をタップします。アプリによって、機能ごとの通知を個別にオン／オフにすることができます。

5

Section 128

「設定」アプリ

通知をサイレントにする

アプリやシステムからの通知は、音とバイブレーションでもアラートされます。通知が多くてアラートが鬱陶しいときは、アラートをオフにしてサイレントにすることができます。届いた通知から個別に設定できるので、重要度の低い通知をサイレントにするとよいでしょう。

1 ホーム画面を下方向にスワイプして、通知パネルを表示します。サイレントにする通知を長押しします。

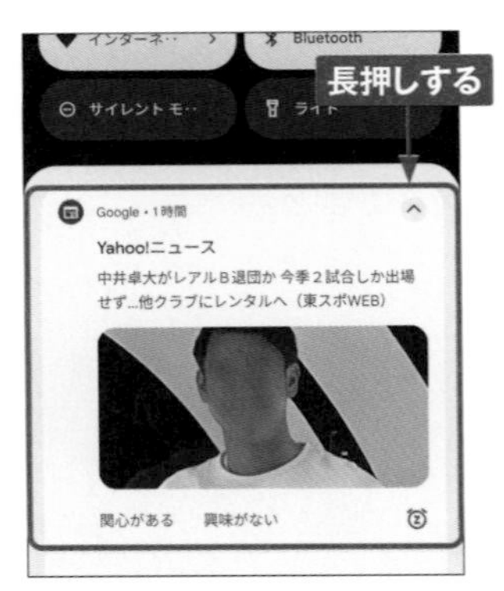

2 ［サイレント］→［適用］をタップします。

3 サイレントにした通知は、下段に表示されるようになります。

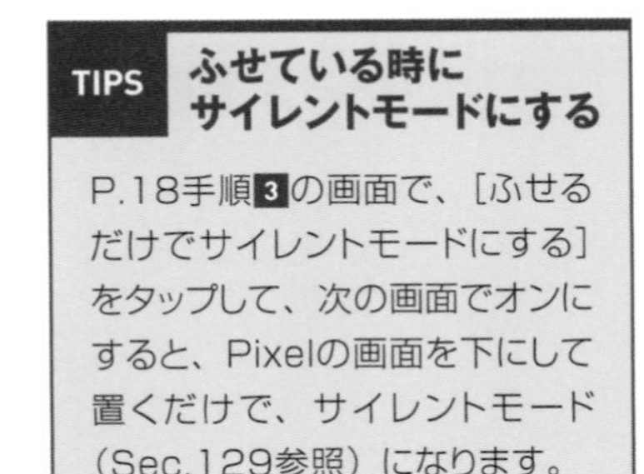

TIPS ふせている時にサイレントモードにする

P.18手順**3**の画面で、［ふせるだけでサイレントモードにする］をタップして、次の画面でオンにすると、Pixelの画面を下にして置くだけで、サイレントモード（Sec.129参照）になります。

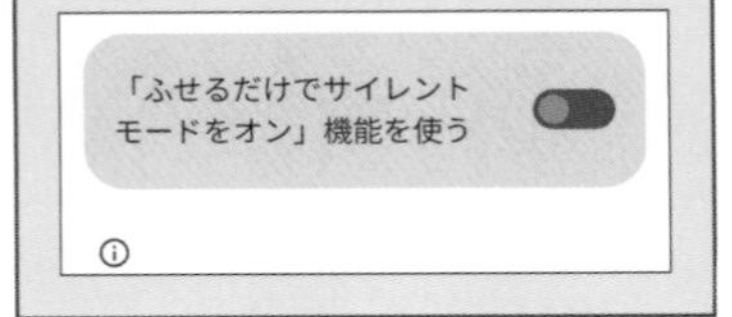

Section 129

「設定」アプリ

通知のサイレントモードを使う

すべての通知をアラートしなくなるのがサイレントモードです。サイレントモードをオンにすると、手動でオフにするか、設定時間が経過するまで継続します。また“通知の割り込み”で、サイレントモード中であっても通知される人物や、アプリを指定することができます。

1 ホーム画面を下方向にスワイプしてクイック設定を表示します。［サイレントモード］タイルをタップしてオンにすると、通知がアラートされなくなります。

2 手順1の画面で、［サイレントモード］タイルを長押しすると、「設定」アプリの「サイレントモード」が開きます。

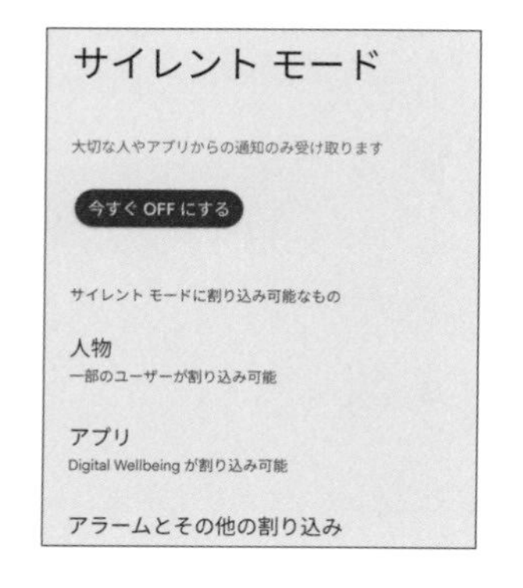

3 手順2の画面で［人物］や［アプリ］をタップして、サイレントモード中でも割り込んでアラートされる通知を設定することができます。

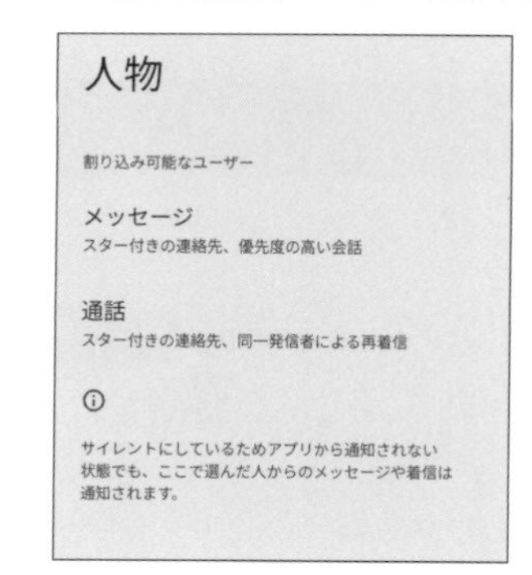

MEMO サイレントモードの時間を設定する

手順2の画面で、［クイック設定の持続時間］をタップすると、サイレントモードの継続時間を設定することができます。

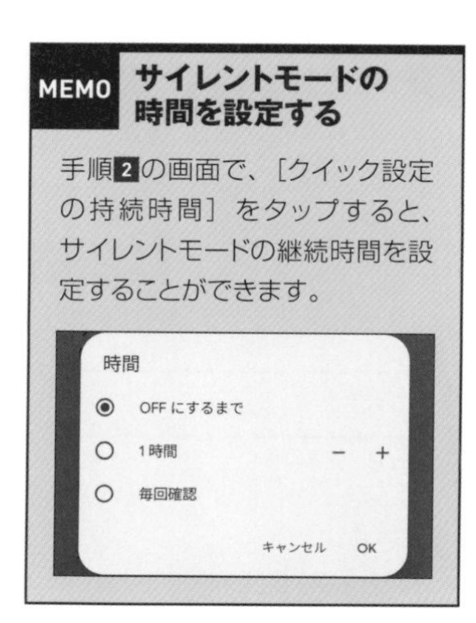

5

「設定」アプリ

通知の履歴を見る

通知は再表示されないので、うっかりスワイプして削除した通知は、後から確認することができません。通知の履歴機能をオンにしておくと、過去24時間に削除した通知を見返すことができます。

1 ホーム画面を下方向にスワイプして通知パネルを表示し、ます。[履歴] になっている場合は手順**4**に進んでください。[管理] の場合はタップします。

2 「設定」アプリの「通知」が開くので、[通知履歴] をタップします。

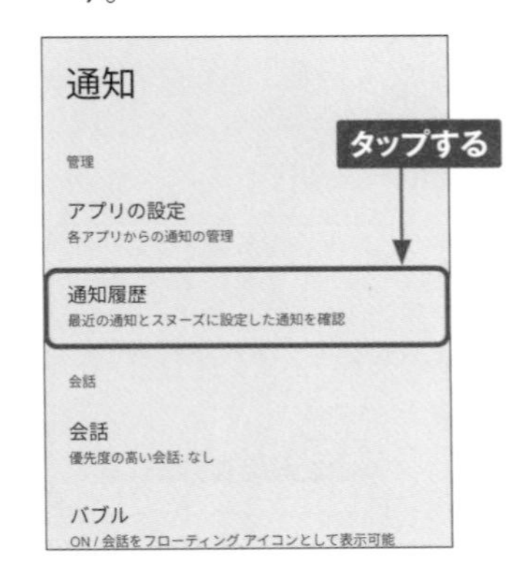

3 [通知履歴を使用] をタップしてオンにします。

4 通知パネルに新たに表示された [履歴] をタップします。

5 「最近非表示にした通知」と「過去24時間」に分けて、通知の履歴が表示されるようになります。

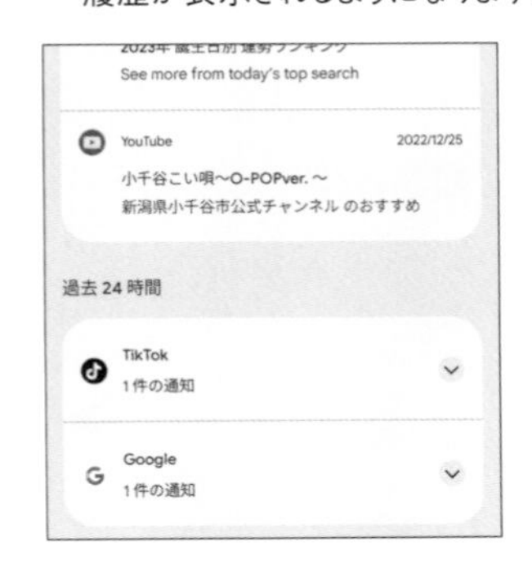

Section 131

通知のスヌーズを利用する

「設定」アプリ

届いた通知を開いたり削除したりせずに、後に再表示させるのが通知のスヌーズ機能です。今は忙しくて対応する時間がないけれど、忘れずに後で見たいニュースや、返信したいメッセージなどの通知に有効です。

1 ホーム画面を下方向にスワイプして通知パネルを表示し、[管理]をタップします。[履歴]になっている場合は、「設定」アプリから「通知」を開きます。

2 [通知のスヌーズを許可] がオフの場合は、タップしてオンにします。

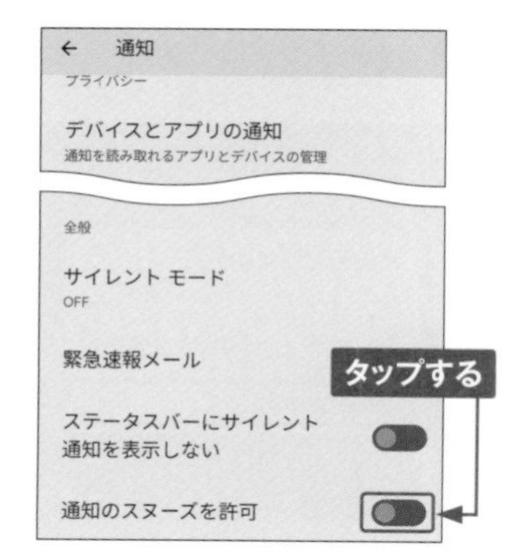

3 通知の右下にⓩが表示されるようになるので、タップします。

4 [スヌーズ:1時間]をタップするか、∨をタップしてスヌーズの時間を15分、30分、2時間から選びます。そのまま画面を上方向にスワイプして通知パネルを閉じます。

5 手順**4**で指定した時間が経過すると、再び通知が表示されます。

5

Section 132

「設定」アプリ

ロック画面に通知を表示しないようにする

初期状態では、ロック画面に通知が表示されるように設定されています。目を離した隙に他人に通知をのぞき見されてしまう可能性があるため、不安がある場合はロック画面に通知が表示されないように変更しておきましょう。

1 「設定」アプリを開き、[通知]をタップします。

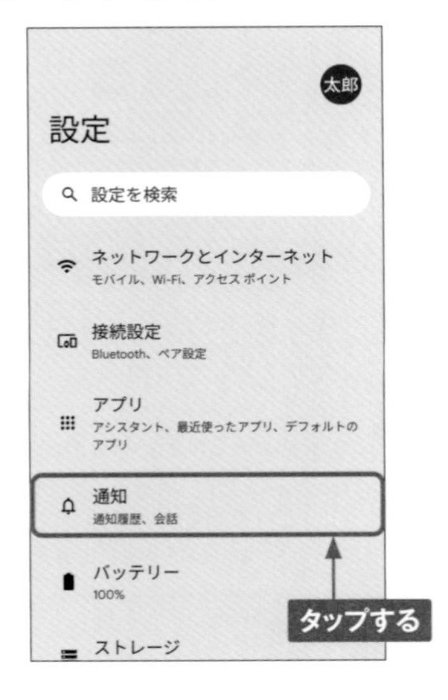

2 [ロック画面上の通知]をタップします。

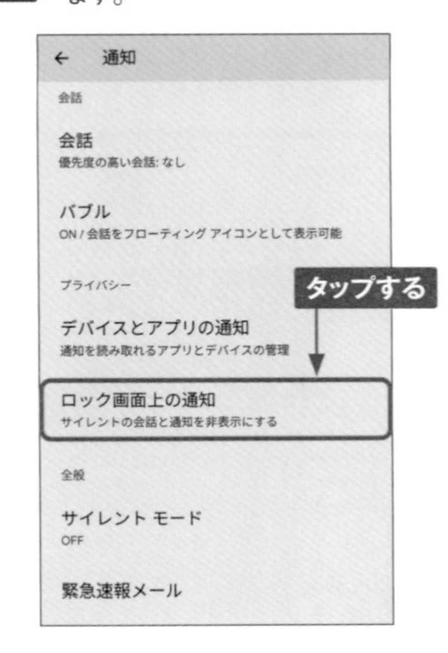

3 [通知を表示しない]をタップします。

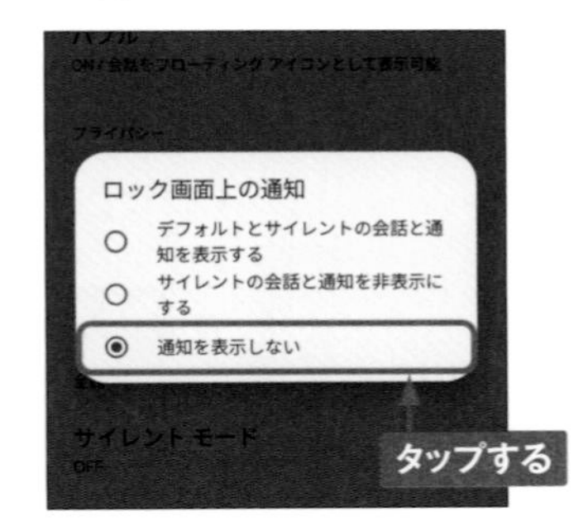

TIPS プライバシーに関わる通知を表示しない

ロック画面に通知を表示する設定にした上で、手順2の画面で[機密性の高い通知]をオフにすると、プライバシーに関わる通知だけが、ロック画面に表示されなくなります。

5

Section 133

「設定」アプリ

スリープ状態で画面を表示する

Pixelはスリープ状態でも、日時や通知アイコンなどの情報を画面に表示することができます。また初期設定では、画面をタップしたときや、Pixelを持ち上げたときに日時や通知アイコンが表示されますが、これをオフにすることもできます。

1 「設定」アプリを開き、［ディスプレイ］をタップします。

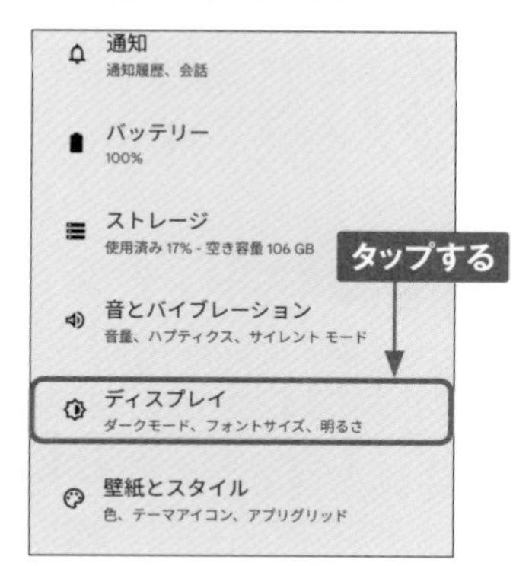

2 ［ロック画面］をタップします。

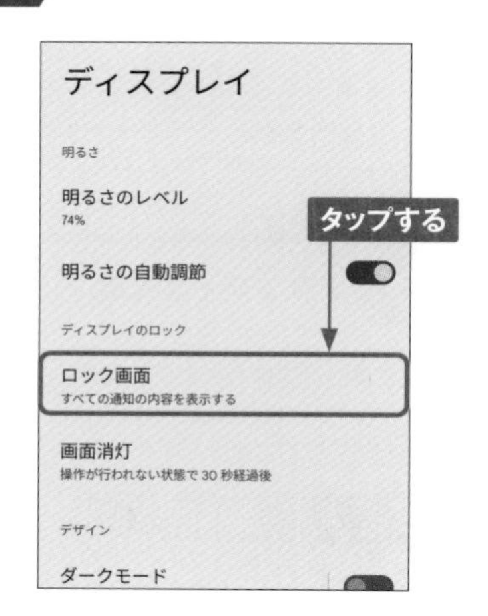

3 ［時間と情報を常に表示］をタップしてオンにします。

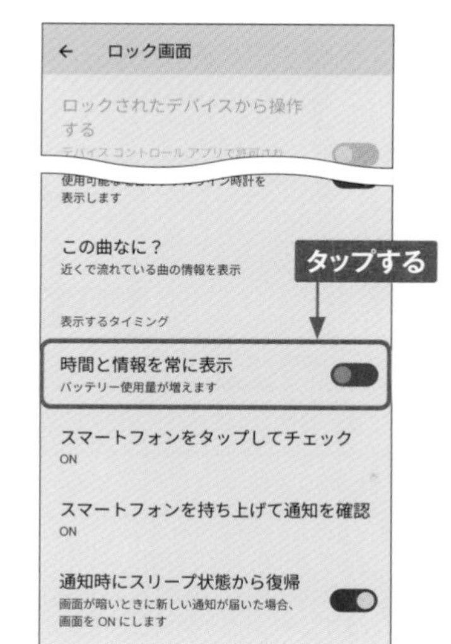

TIPS 画面表示の設定

手順3の設定を行わずに、［スマートフォンをタップしてチェック］、［スマートフォンを持ち上げて通知を確認］をそれぞれタップして、次の画面でオフにすると、電源ボタンを押さないと、画面が表示されなくなります。

Section 134

「設定」アプリ

バッテリーを長持ちさせる

自動調整バッテリー機能は、ユーザーの利用状況に応じて、使用頻度の低いサービスやアプリのバックグラウンドでの起動を抑制してバッテリーの消費を抑えます。オンにすると、通知が遅れるなど、一部のサービスのパフォーマンスが低下することがあります。

1 「設定」アプリを開き、[バッテリー]をタップします。

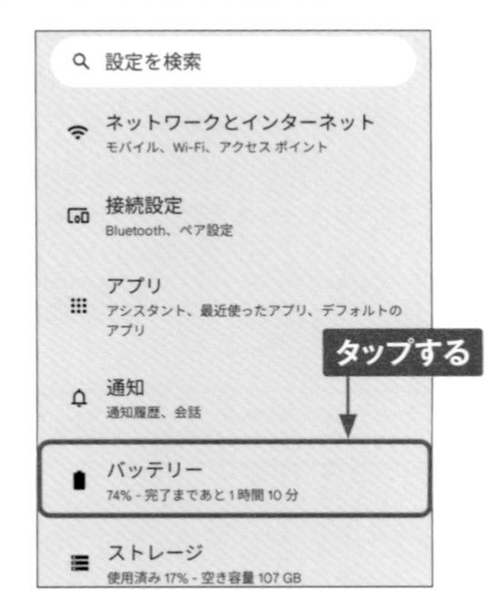

2 [アダプティブの設定]をタップします。

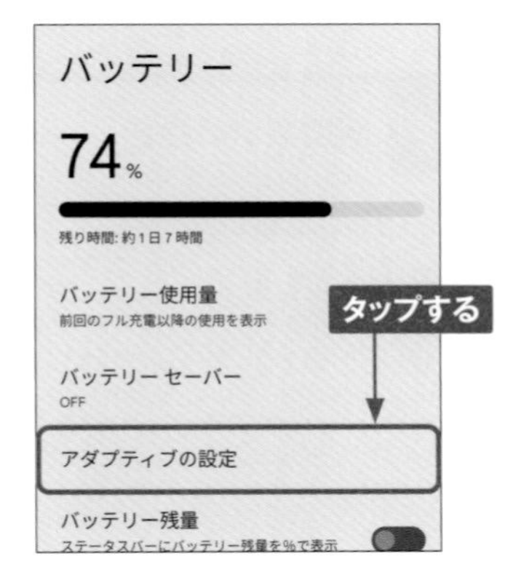

3 [自動調整バッテリー]がオフの場合は、タップしてオンにします。

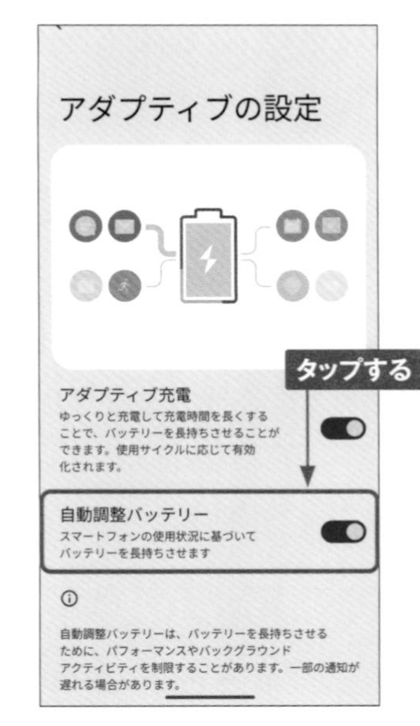

TIPS アダプティブ充電

手順3の画面で、[アダプティブ充電]をタップしてオンにすると、夜間の充電速度が遅くなり、急速な充電によるバッテリーの劣化を防ぐことができます。

5

「設定」アプリ

バッテリーセーバーを利用する

バッテリーセーバーを使うと、一部の機能やバックグラウンドでの動作を制限して、消費電力を抑えることができます。画面がダークモード（Sec.018参照）になるほか、通信も制限されます。また「スーパーバッテリセーバー」は、ほとんどのアプリと通信を停止して、さらに消費電源を抑える機能です。スーパーバッテリセーバーの起動中でも、停止しない“必須アプリ”をユーザーが指定することができます。

1 「設定」アプリを開き、[バッテリー]→[バッテリーセーバー]の順にタップします。

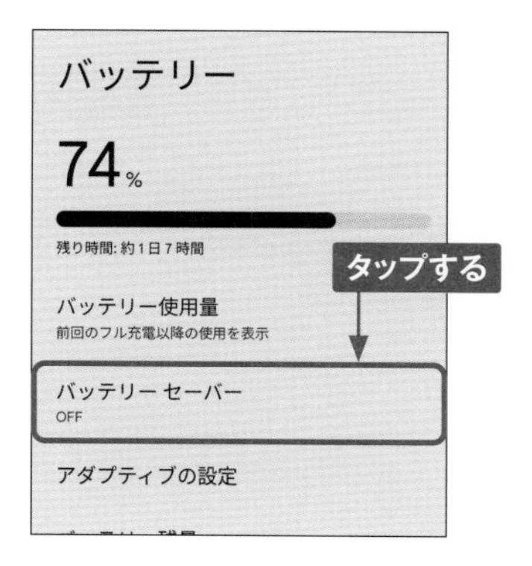

2 [バッテリーセーバーを使用する]をタップしてオンにします。

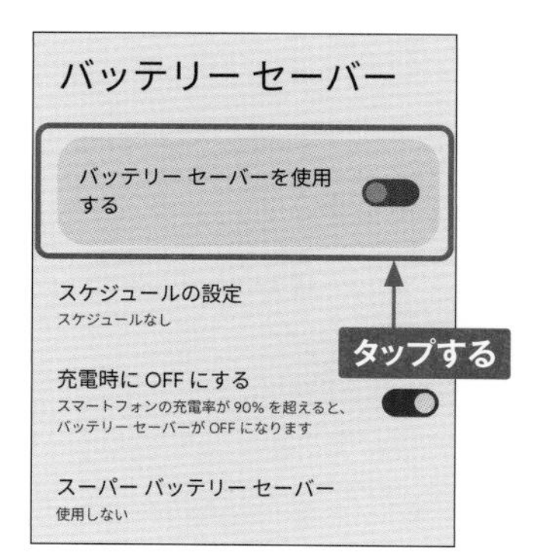

3 手順**2**の画面で[スケジュールの設定]をタップすると、これまでのPixelの利用パターンにより自動的にオンにしたり、設定したバッテリー残量になったときにオンにしたりすることができます。

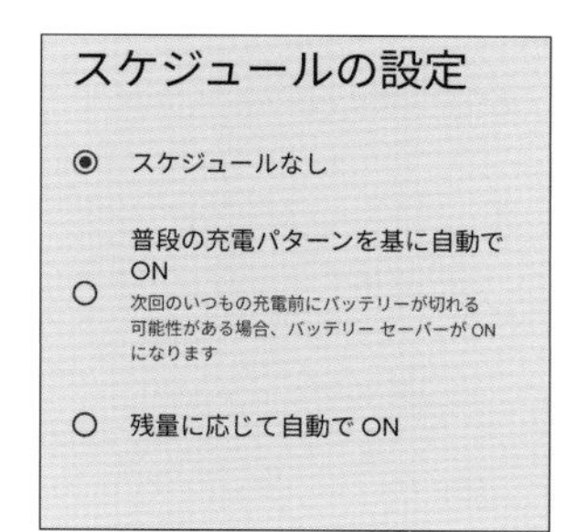

TIPS ステータスバーにバッテリー残量を表示する

Pixel 7aではステータスバーにバッテリー残量を表示することができます。手順**1**の画面で、[バッテリー残量]をタップしてオンにします。

Section 136

「設定」アプリ

バックグラウンド時のバッテリー使用を確認する

「設定」アプリの「アプリ情報」では、過去24時間のバッテリー使用量をアプリごとに確認することができます。また、アプリのバックグラウンド時のバッテリー使用量を、通常の［最適化］から［制限なし］［制限］に変更することができます。

1 「設定」アプリを開き、［アプリ］をタップします。

2 ［○個のアプリをすべて表示］をタップし、任意のアプリをタップします。

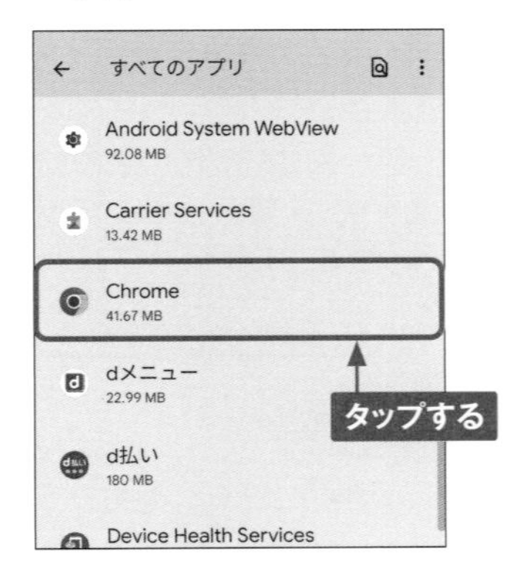

3 ［アプリのバッテリー使用量］をタップします。

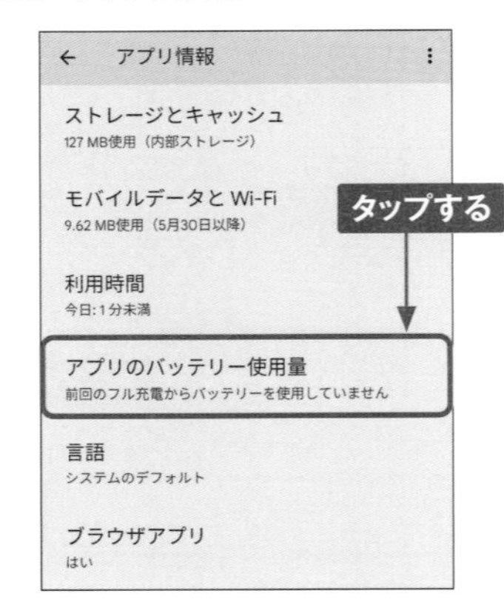

4 バックグラウンド時のバッテリー使用を確認することができます。

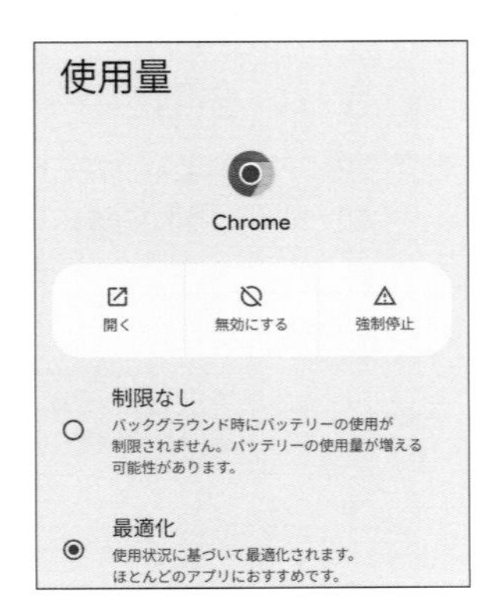

5

「設定」アプリ

利用時間を見える化する

利用時間ダッシュボードを使うと、Pixelの利用時間をグラフなどで詳細に確認できます。各アプリの利用時間のほか、起動した回数や受信した通知数も表示されるので、Pixelに関するライフスタイルの確認に役立ちます。

1 「設定」アプリを開き、[Digital Wellbeingと保護者による使用制限] をタップします。

2 今日の各アプリの利用時間が円グラフで表示されます。[今日] をタップします。

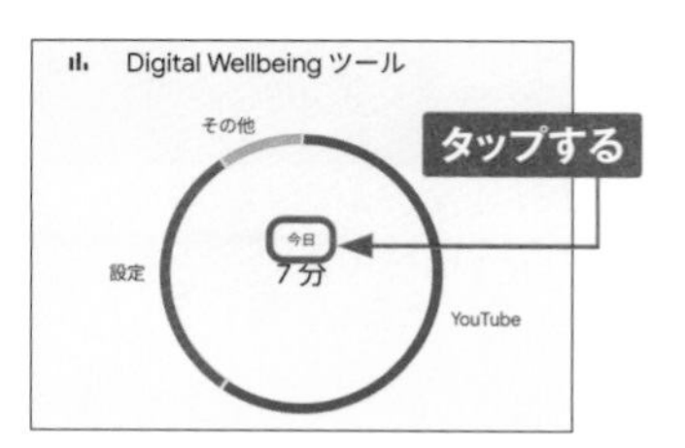

3 直近の曜日の利用時間がグラフで表示されます。任意の曜日をタップします。

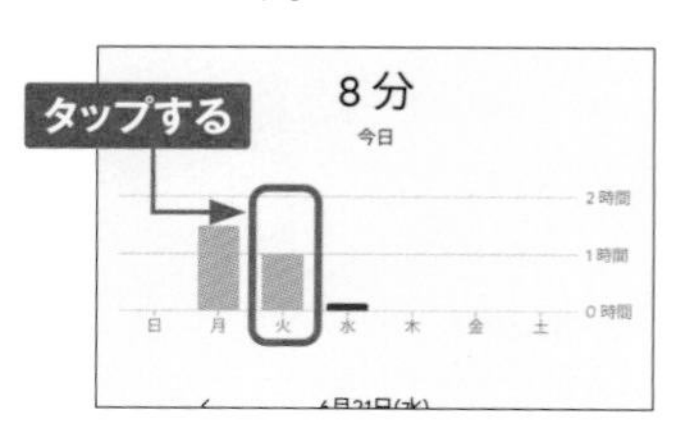

4 手順**3**でタップした曜日の利用時間が表示されます。画面下部には各アプリの利用時間が表示されます。

> **MEMO 通知数や起動回数を確認する**
>
> 手順**3**の画面で、[ロック解除数] や [通知数] をタップして表示を切り替えると、それぞれの回数を確認することができます。

5

Section 138

「設定」アプリ

アプリの利用時間を制限する

Digital Wellbeingでは、各アプリの利用時間をあらかじめ設定しておくことができます。利用時間が経過すると、アプリが停止して利用できなくなります。ゲームやSNSなど、利用時間が気になるアプリで設定しておき、ライフスタイルを改善しましょう。

1 P.171手順4の画面で、利用時間を設定するアプリをタップし、［アプリタイマー］をタップします。

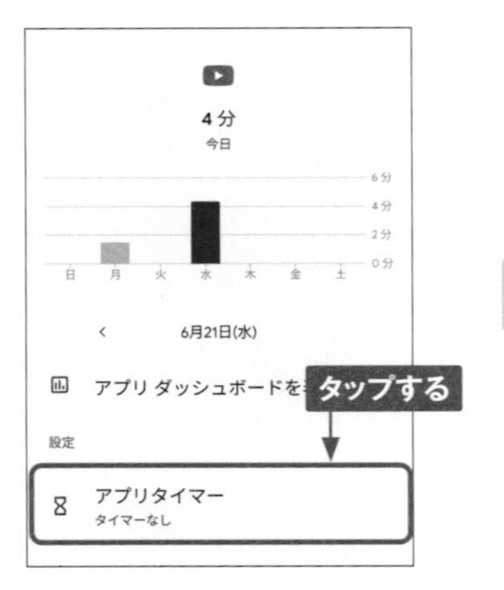

2 設定した利用時間が経過すると、アプリが停止するので、［OK］をタップします。その日は、アプリを利用できなくなります。

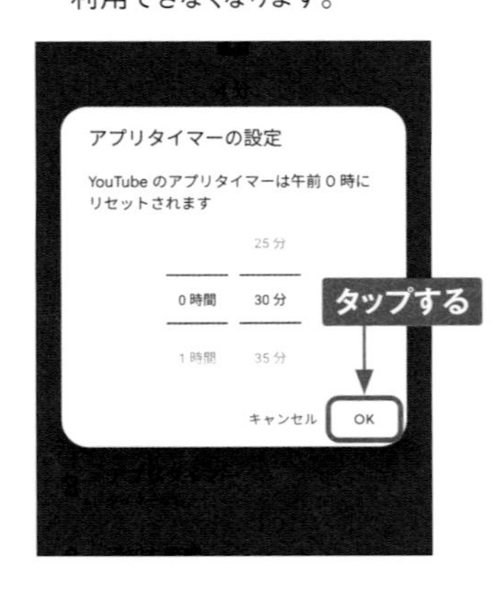

5

TIPS フォーカスモード

仕事や勉強に集中したいとき、妨げになるアプリを停止するのがフォーカスモードです。設定した時間内は指定したアプリを起動できなくなり、アプリからの通知も届かなくなります。「設定」アプリ→［Digital Wellbeingと保護者による使用制限］→［フォーカスモード］から設定します。

Section 139

「設定」アプリ

おやすみ時間モードにする

「おやすみ時間モード」は就寝時に利用するモードです。デフォルトでは、通知がサイレントモードに画面がグレースケールになります。枕元にPixelを置いておいて、寝床に居た時間のほか、咳の回数、いびきの時間などを測定することもできますが、今のところ利用価値はあまりありません。おやすみ時間モードの設定は「時計」アプリからも行えるほか、クイック設定からオン／オフを切り替えられます。

1 「設定」アプリを開き、[Digital Wellbeingと保護者による使用制限]→[おやすみ時間モード]をタップします。

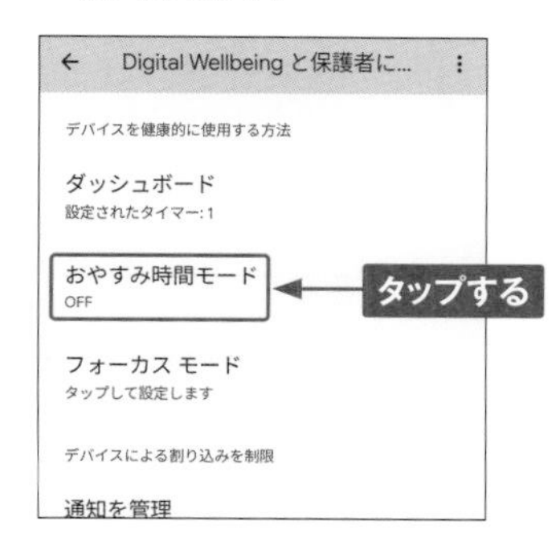

2 [今すぐONにする]をタップすると、おやすみ時間モードになります。

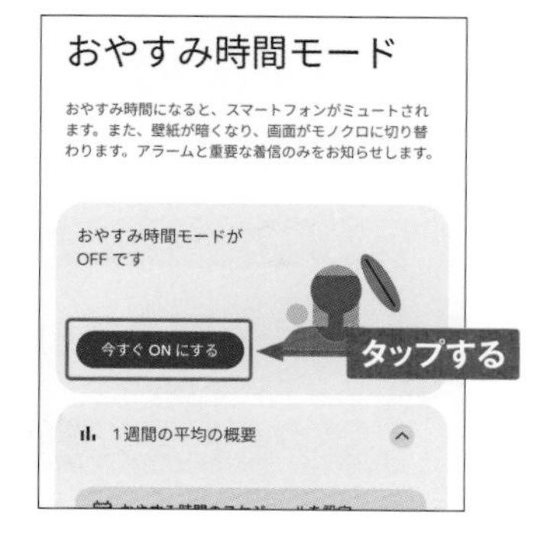

3 [1週間の平均の概要]で、おやすみ時間モード中に起動したアプリや、いびきの時間などを確認することができます。

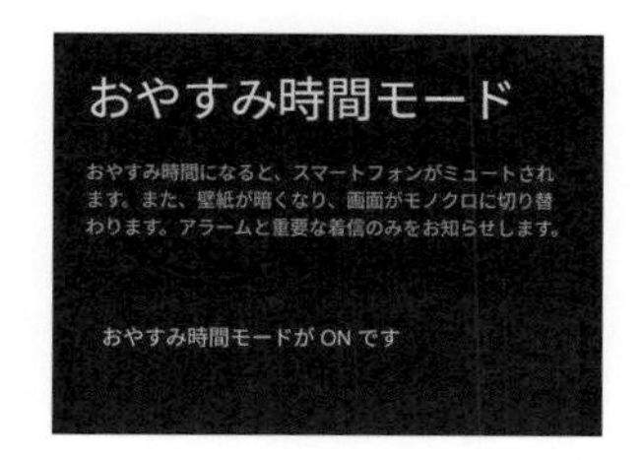

4 [「おやすみ」のルーティン]で起動時間をスケジューリング、[カスタマイズ]でサイレントモードや画面を設定できます。

5

Section 140

「設定」アプリ

電話番号やMACアドレスを確認する

Pixelで使用している電話番号は、「設定」アプリのデバイス情報で確認できます。新しい電話番号に変えたばかりで忘れてしまったときなどに確認するとよいでしょう。Wi-FiのMACアドレスもここから確認できます。

1 「設定」アプリを開き、[デバイス情報]をタップします。

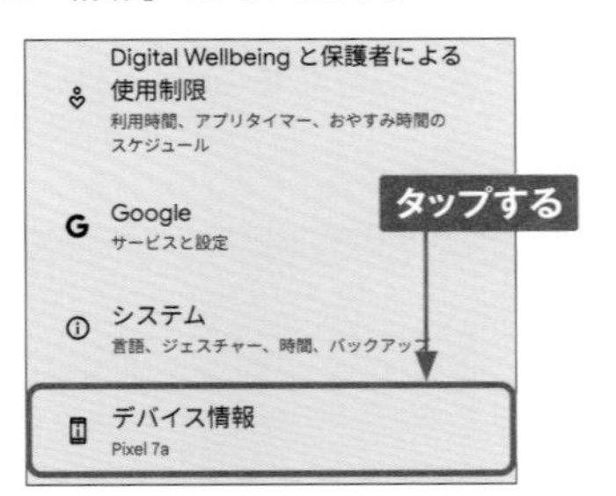

2 「電話番号」で電話番号を確認します。

MEMO Wi-FiのMACアドレスを確認する

IPアドレスやBluetoothアドレス、ネットワーク機器に割り当てられている個別の識別番号「MACアドレス」も、手順**2**の画面で確認できます。

Pixelを含めて最近の機器は、Wi-Fi MACアドレスのランダム化がデフォルトでオンになっています。Wi-Fiルーターなどで、Macアドレスのフィルタリングを行う場合は、ランダム化をオフにします。手順**2**の画面で[Wi-Fi MACアドレス]→接続先のSSID→プライバシー]の順にタップして設定します。

5

Section 141

「設定」アプリ

画面ロックの暗証番号を設定する

画面ロック解除の操作方法は、パターン、PIN（暗証番号）、パスワードのいずれかと、指紋認証を設定することができます。ロック画面にどのように通知を表示するか、も同時に設定しておきましょう。

1 「設定」アプリを開き、［セキュリティとプライバシー］→［デバイスのロック］→［画面ロック］の順にタップします。

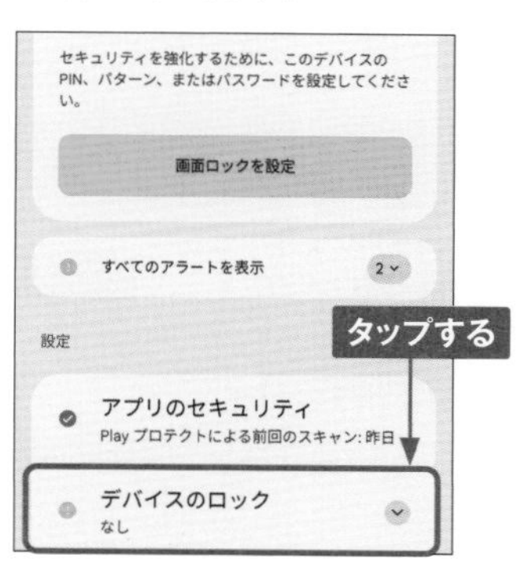

2 ［PIN］をタップします。なお、［パターン］をタップするとパターンでのロックが、［パスワード］をタップするとパスワードでのロックを設定できます。

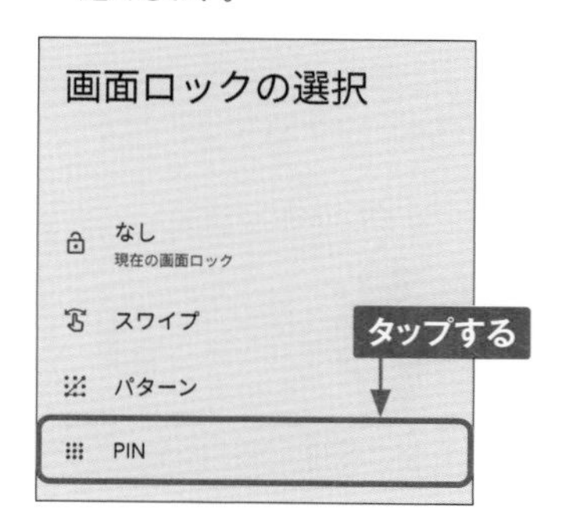

3 4桁以上の暗証番号を入力し、［次へ］をタップします。次の画面で同じ暗証番号を入力し、［確認］をタップします。

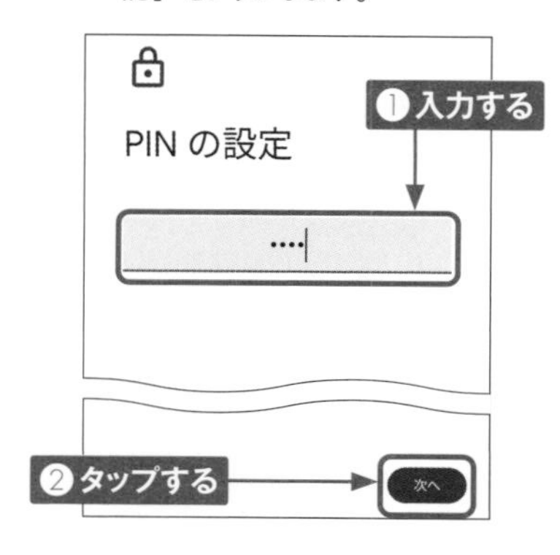

4 ロック画面での通知の表示方法をタップして選択し、［完了］をタップします。

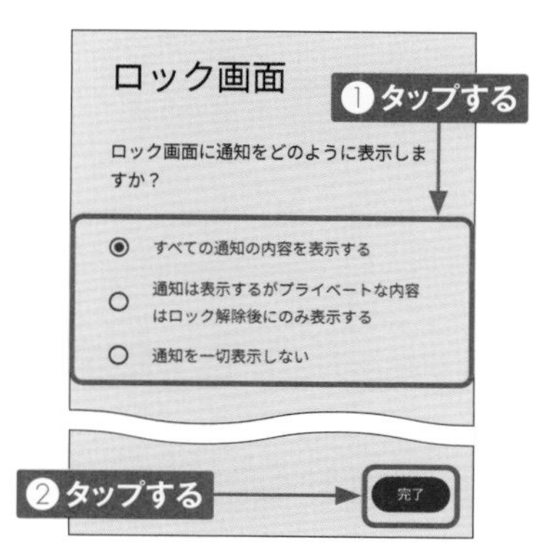

Section 142

「設定」アプリ

信頼できる場所でロックを解除する

Smart Lockを使うと、自宅や職場などの信頼できる場所で、画面のロックが解除されます。また、Pixelを身に付けているときや、指定したBluetooth機器が近くにあるときなどに、ロックを解除するようにも設定できます。なお、あらかじめPINなどの画面ロック（Sec.141参照）を設定していないとSmart Lockは設定できません。

1 「設定」アプリを開き、［セキュリティとプライバシー］をタップします。

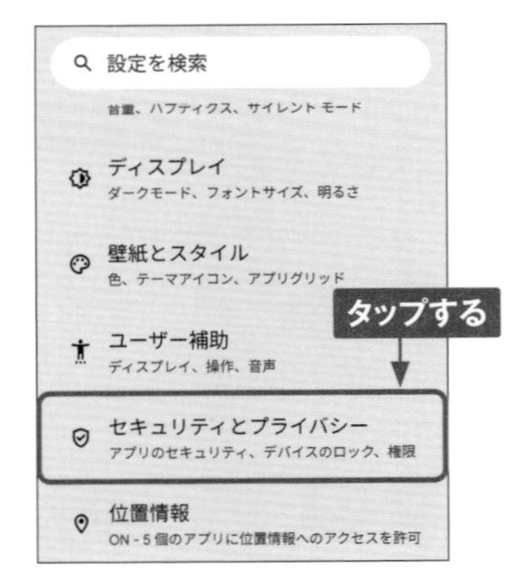

2 ［詳細設定］→［Smart Lock］の順にタップします。次の画面で、PINの入力など、設定してあるロック解除の操作を行います。

3 Smart Lockの項目が表示されます。［信頼できる場所］をタップします。

MEMO Smart Lockに指定できるそのほかの条件

手順4の画面で、デバイスの持ち運び中や、指定したBluetooth機器が近くにある場合に、ロックを解除できるように設定できます。

5

4 ［信頼できる場所の追加］をタップします。自宅の場所を設定している場合（Sec.096参照）は、自宅を選択することができます。

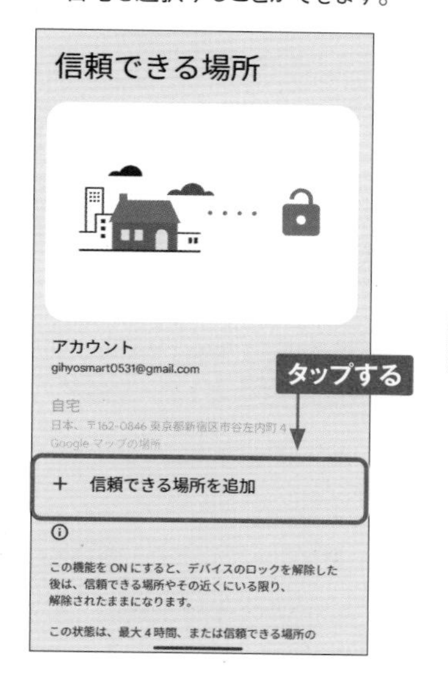

5 検索ボックスに住所を入力するか、地図をドラッグして場所を指定し、［この場所を選択］→［OK］の順にタップします。

TIPS サイレントモードなどの設定を自動的に切り替える

「ルール」は、位置情報と登録してあるWi-Fiスポットの情報を利用して、サイレントモードや着信音の設定を自動的に切り替える機能です。たとえば、職場では常に通知をブロックしたり、音を鳴らさないようにすることができます。「設定」アプリ→［システム］→［ルール］で設定、追加することができます。

ルールの追加
＋ Wi-Fi ネットワークまたは場所を追加
以下の設定を行う
○ サイレント モードを ON にする
○ デバイスをサイレントに設定
○ デバイスをバイブレーションに設定
○ デバイスの着信音が鳴るように設定
☑ ルールが有効になったら通知を送信
キャンセル 追加

Section 143

「設定」アプリ

生体認証でロックを解除する

生体認証を設定すると、Pixelを顔にかざしたり、指紋認証センサーに触れるだけでロックを解除することができます。なお生体認証は、パターン、PIN、パスワードのいずれかのロックと併用する必要があります。

1 「設定」アプリを開き、[セキュリティとプライバシー] をタップします。

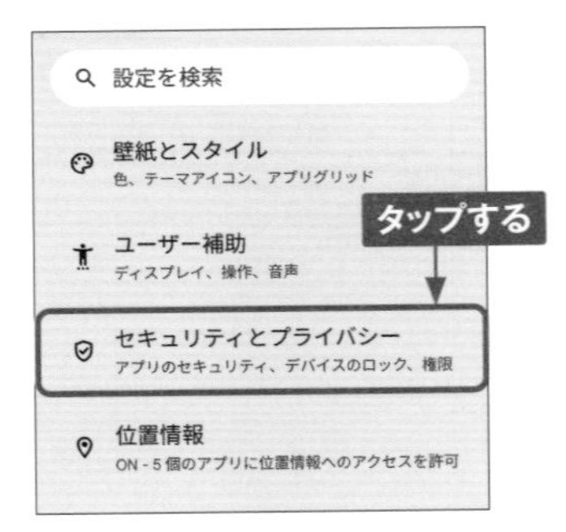

2 [デバイスのロック] → [顔認証と指紋認証によるロック解除] の順にタップします。次の画面で、PINの入力など、設定してあるロック解除の操作を行います。

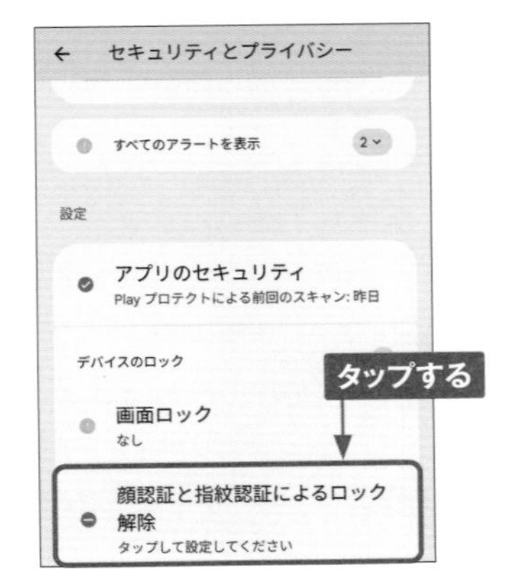

3 [指紋認証] をタップします。

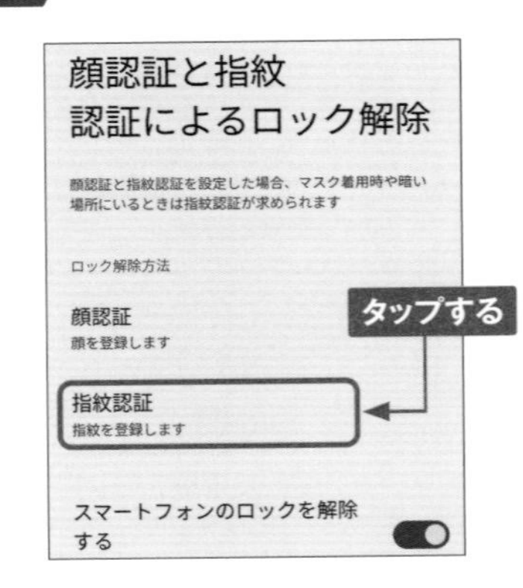

4 [もっと見る] → [同意する] をタップします。

5

5 ［開始］をタップします。

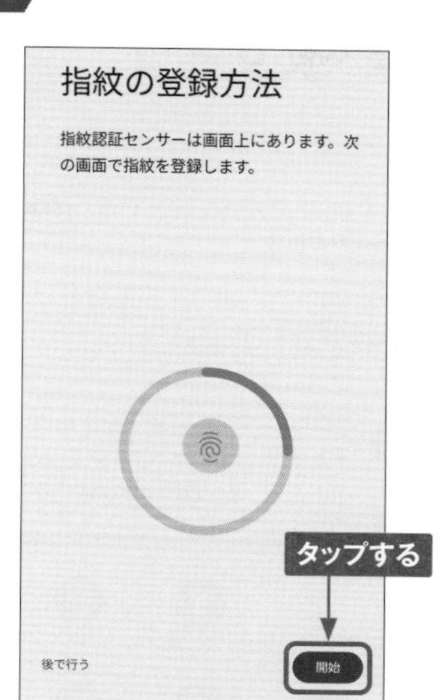

6 画面上の指紋アイコンに指で触れて、振動したら指を離します。何度か繰り返します。

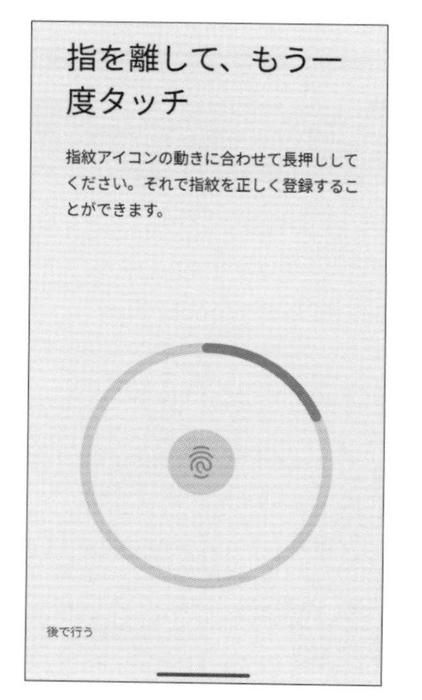

7 指紋の登録が完了したら、［完了］をタップします。

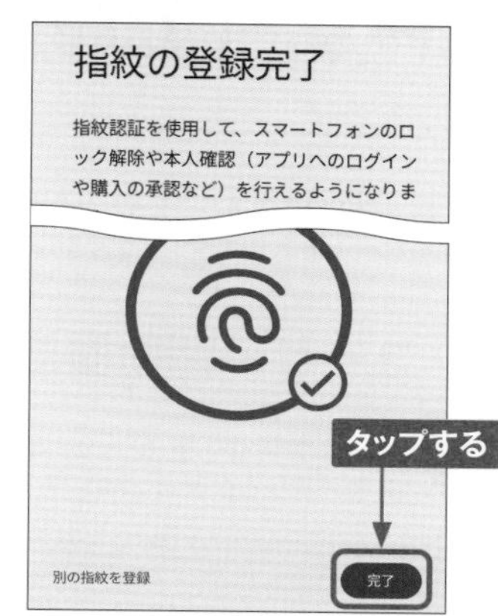

8 ほかの指の指紋を登録するには、［指紋を追加］をタップします。

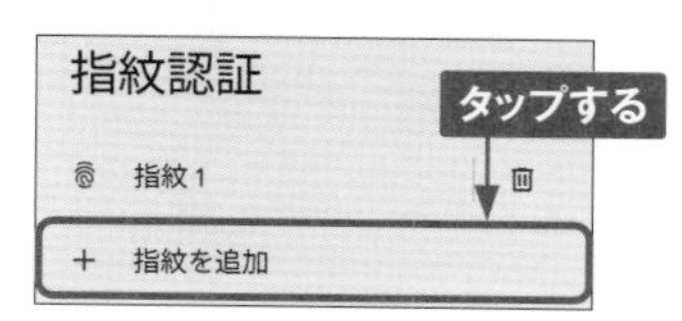

MEMO 顔認証を設定する

Pixel 7aで顔認証を利用する場合は、手順3で［顔認証］をタップし、Pixelを顔にかざして登録します。

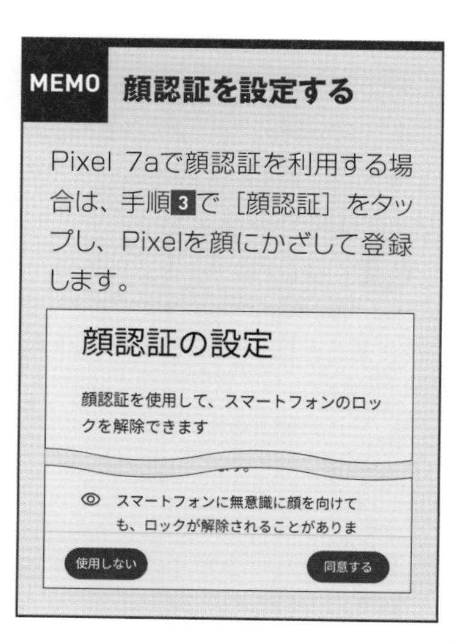

5

ユーザー補助機能メニューを使う

ユーザー補助機能メニューは、主要な機能を使いやすくまとめたメニューです。クイック設定やGoogleアシスタントなどをワンタップで開くことができます。

ユーザー補助機能メニューを利用する

1 P.181で設定したユーザー機能補助ボタンをタップします。

2 ユーザー補助機能メニューが表示されます。ショートカットをタップすることで、各機能を利用できます。

ショートカット	機能
	Googleアシスタントが起動します。
	「設定」アプリの「ユーザー補助」画面が表示されます。
	電源メニューが表示されます。
	音量を下げます。
	音量を上げます。
	アプリの履歴が表示されます(Sec.013参照)。

ショートカット	機能
	画面を暗くします。
	画面を明るくします。
	スリープモードになります。
	クイック設定が表示されます(Sec.007参照)。
	通知パネルが表示されます(P.15参照)。
	スクリーンショットを撮影することができます。

G ユーザー補助機能メニューをオンにする

1 「設定」アプリを開き、[ユーザー補助] をタップします。

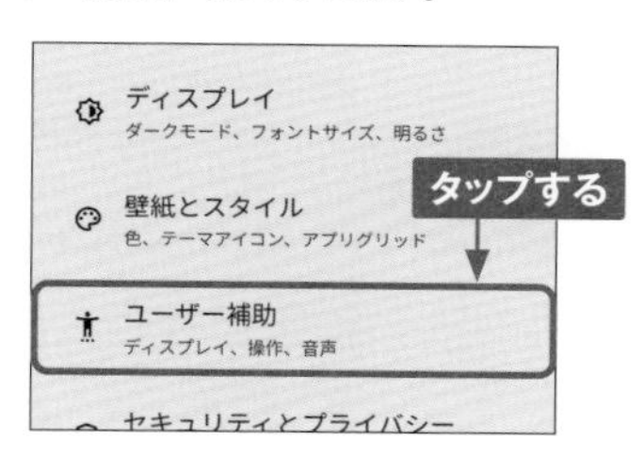

2 [ユーザー補助機能メニュー] をタップします。

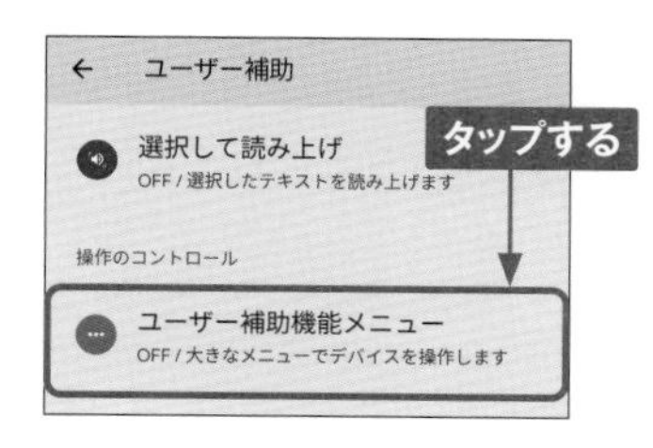

3 [ユーザー補助機能メニューショートカット] をタップします。

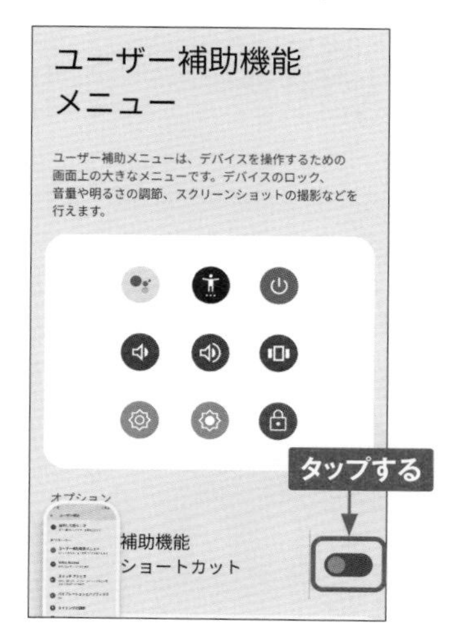

4 [許可] をタップします。

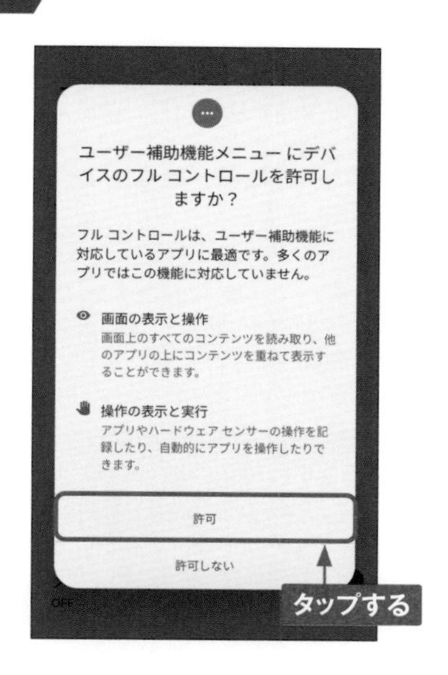

5 [OK] をタップすると、ユーザー補助機能メニューがオンになります。

Section 145

OS • Hardware

以前のスマートフォンのデータをコピーする

USBケーブルを使用して、以前に使っていたAndroidスマートフォンやiPhoneのデータをPixelにコピーすることができます。移行可能なデータは、アプリ、写真と動画、デバイス設定、通話履歴、連絡先などです。ここでは、Androidスマートフォンからのコピーを例に解説します。

1 デバイス購入後または初期化（Sec.149参照）後の初期設定画面で、［始める］をタップしてWi-Fiの設定を行います。

2 ［次へ］→［次へ］→［次へ］の順にタップします。

3 「以前使用していたデバイスをご用意ください」画面が表示されたら、画面ロックを解除したデータ移行元のスマートフォンにUSBケーブルを接続し、［次へ］をタップします。

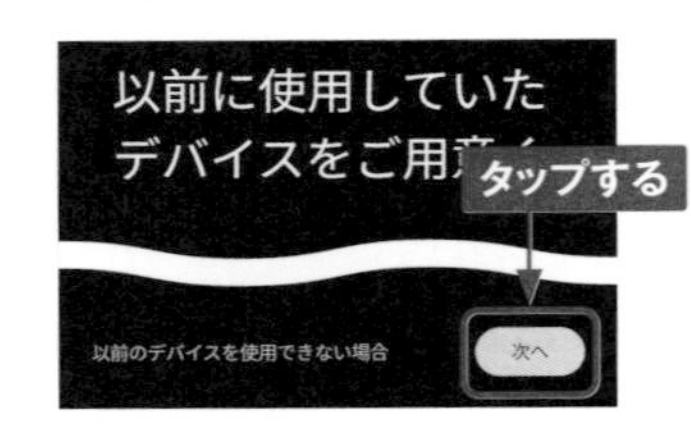

4 以下の画面が表示されたら、Pixel 7aにUSBケーブルを接続します。USBケーブルがType-Cでない場合は、Pixelに付属のクイックスイッチアダプターを使います。

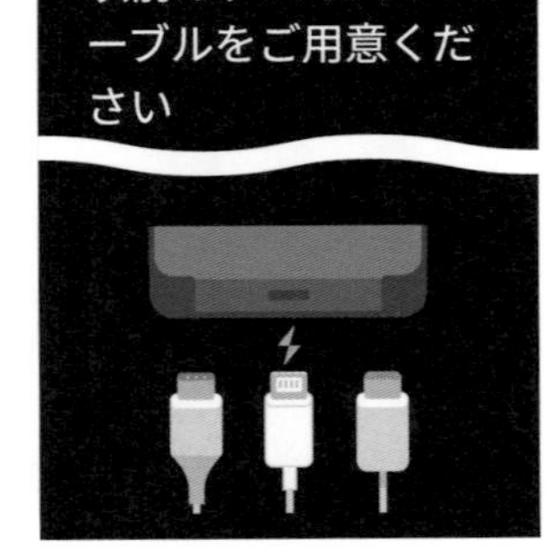

5

5 「デバイスが接続されました」画面に続き、「他のデバイスをご確認ください」画面が表示されたことを確認します。

6 データ移行元のスマートフォンで［コピー］をタップし、ロック解除の操作を行います。

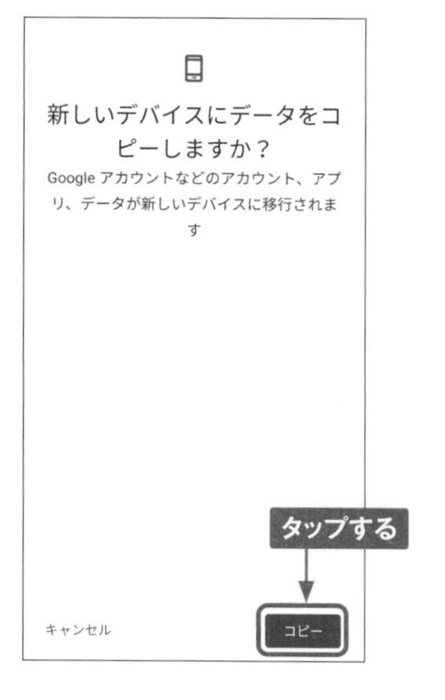

7 コピーの準備が開始されます。

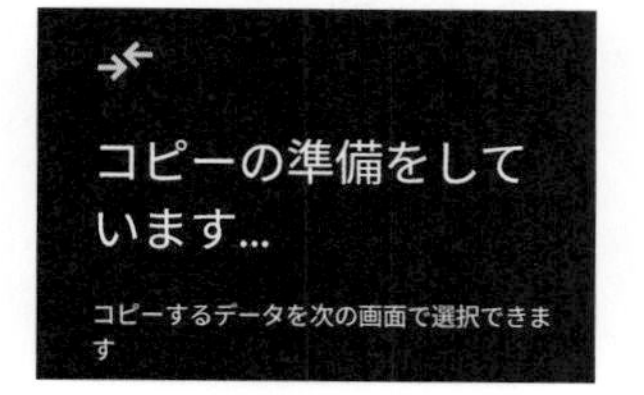

8 Pixelで、コピーする項目をタップして選択し、［コピー］をタップします。

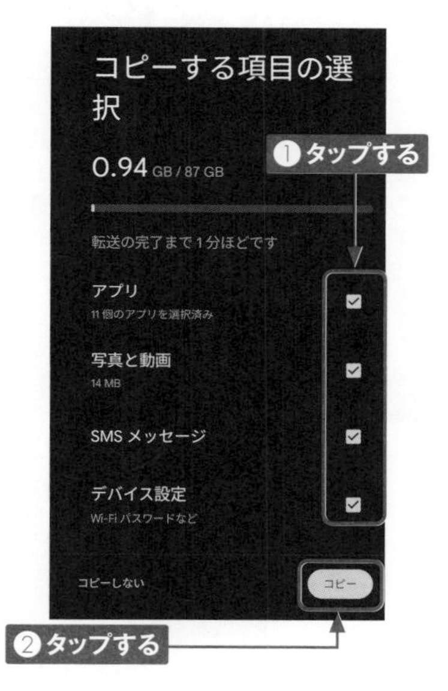

9 以降は画面の指示に従って初期設定を行います。

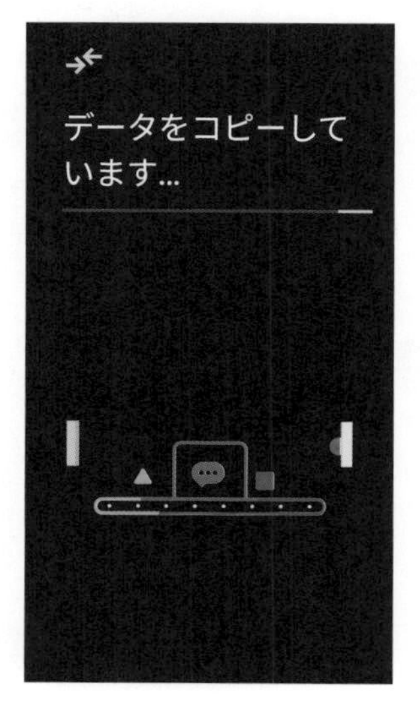

Section 146

「設定」アプリ

緊急情報を登録する

「緊急連絡先」には、非常時に通報したい家族や親しい知人を登録しておきます。また、「医療に関する情報」には、血液型、アレルギー、服用薬を登録することができます。どちらの情報も、ロック解除の操作画面で［緊急通報］をタップすると、誰にでも確認してもらえるので、ユーザーがケガをしたり急病になったりしたときに役立ちます。また、緊急事態になった時や、事件事故に遭ったときには、緊急連絡先に位置情報を提供するように設定できます。

1 「設定」アプリを開いて、［緊急情報と緊急通報］をタップします。

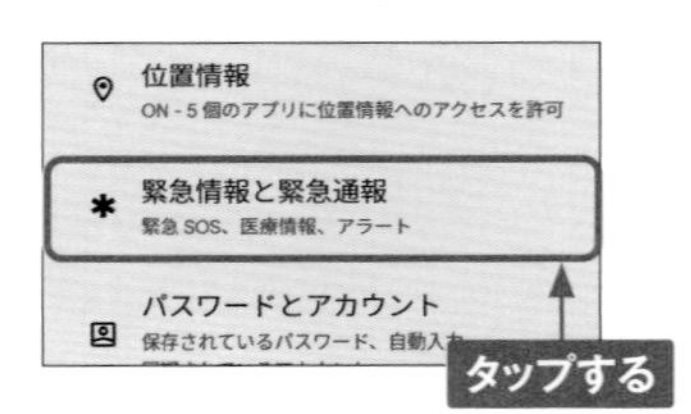

2 ［緊急連絡先］をタップします。

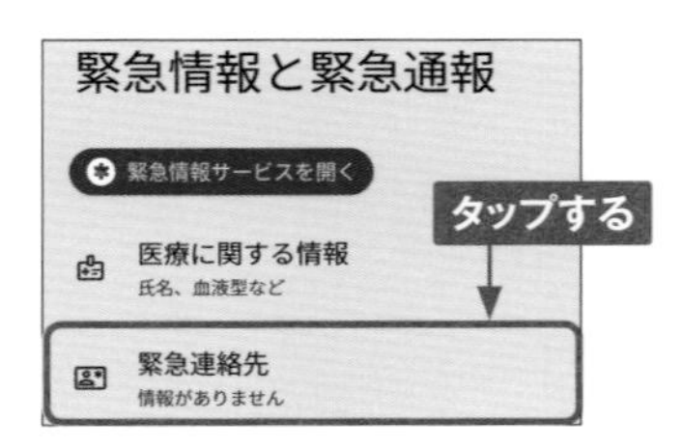

3 ［連絡先の追加］をタップして、「連絡帳」から連絡先を選択します。

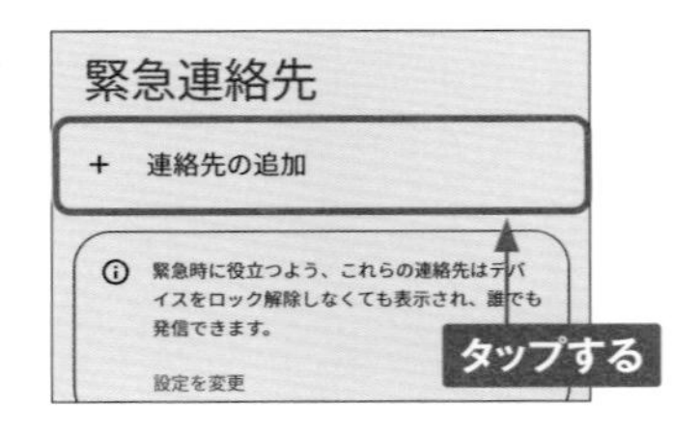

4 手順**2**の画面で［医療に関する情報］をタップして、必要な情報を入力します。

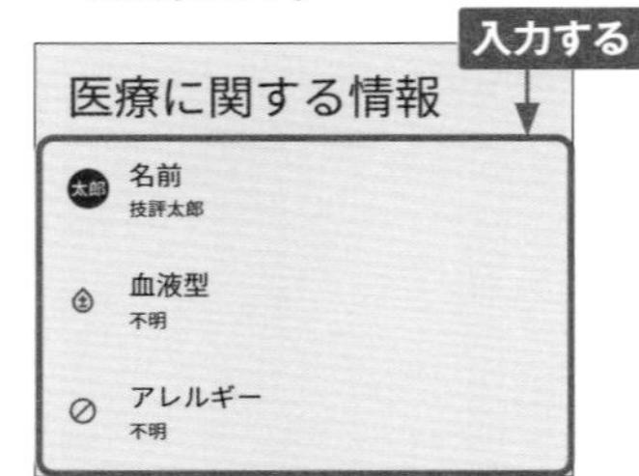

TIPS 緊急情報サービス

「緊急情報と緊急通報」からは、緊急情報の登録のほかに、次の機能の確認と設定を行うことができます。万が一の場合に備えて、ぜひとも確認しておきましょう。

- 事件に巻き込まれた時に起動すると110番通報などをまとめて行う「緊急SOS」
- 自動車事故に遭って、ユーザーが応答しない場合に119番通報する「自動車事故検出」
- 災害の通報や情報を受け取る「災害情報アラート」

Section 147

Pixelを探す

「設定」アプリ

Pixelを紛失してしまっても、「設定」アプリで「デバイスを探す」機能をオンにしておくと、Pixelがある場所をほかのスマートフォンやパソコンからリモートで確認できます。この機能を利用するには、あらかじめ「位置情報の使用」を有効にしておきます（P.126参照）。

「デバイスを探す」機能をオンにする

1 「設定」アプリを開き、[Google]をタップします。

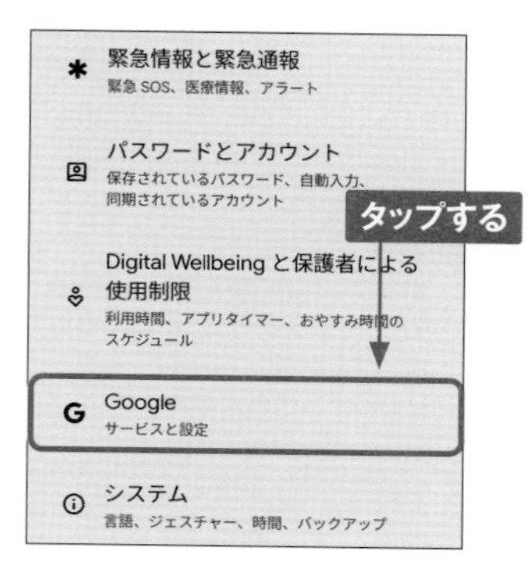

2 [デバイスを探す]をタップします。

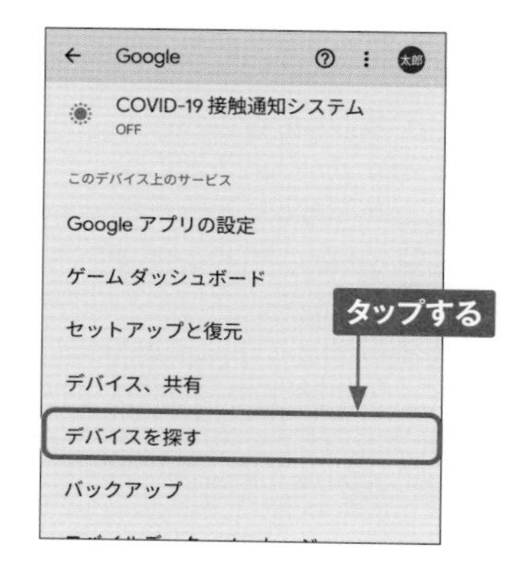

3 [OFF]になっている場合はタップしてオンにします。

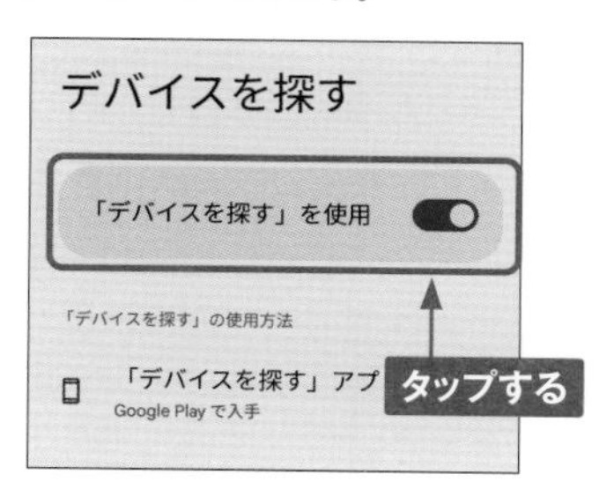

MEMO アプリをインストールする

手順3の画面で[「デバイスを探す」アプリ]をタップすると、Google Playに移動して、アプリをインストールすることができます。

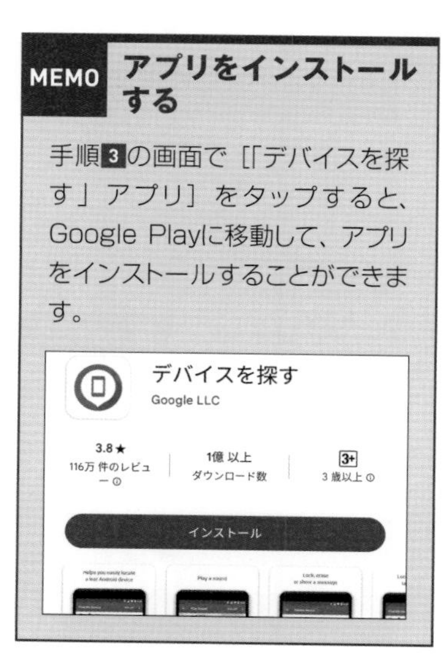

5

G AndroidスマートフォンからPixelを探す

1 ほかのAndroidスマートフォンで、「デバイスを探す」アプリ（P.185参照）をインストールして起動します。［ゲストとしてログイン］をタップします。なお、同じGoogleアカウントを使用している場合は［～として続行］をタップします。

2 紛失したPixelのGoogleアカウントを入力し、［次へ］をタップします。

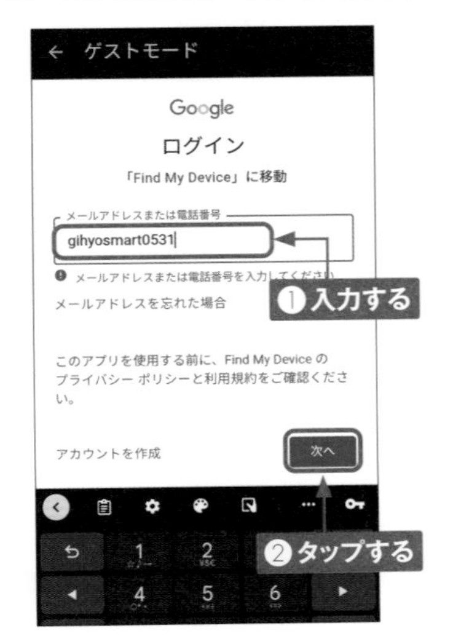

3 パスワードを入力し、［次へ］→［アプリの使用中のみ許可］→［同意する］の順にタップします。「2段階認証プロセス」画面が表示されたら、［別の方法を試す］をタップして、別の方法でログインします。

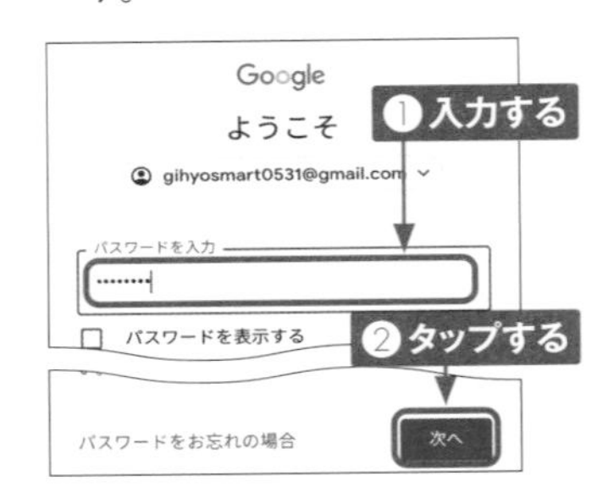

4 地図が表示され、Pixelの現在位置が表示されます。画面下部のメニューから、音を鳴らしたり、ロックをかけたり、データを初期化したりすることもできます。

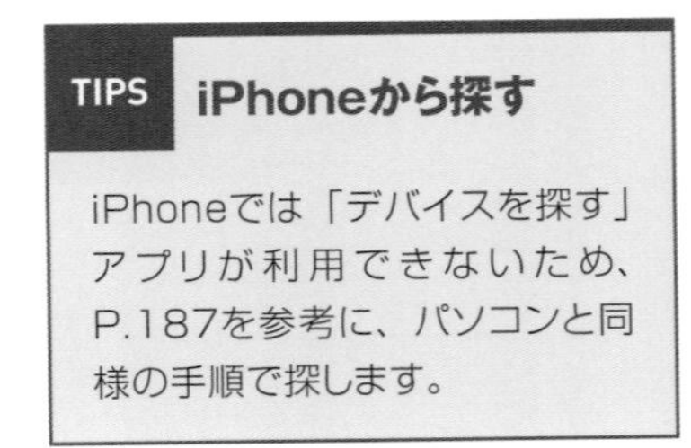

TIPS iPhoneから探す

iPhoneでは「デバイスを探す」アプリが利用できないため、P.187を参考に、パソコンと同様の手順で探します。

パソコンからPixelを探す

1 パソコンのWebブラウザで、Googleアカウントのページ（https://myaccount.google.com）にアクセスし、紛失したPixelのGoogleアカウントでログインします。

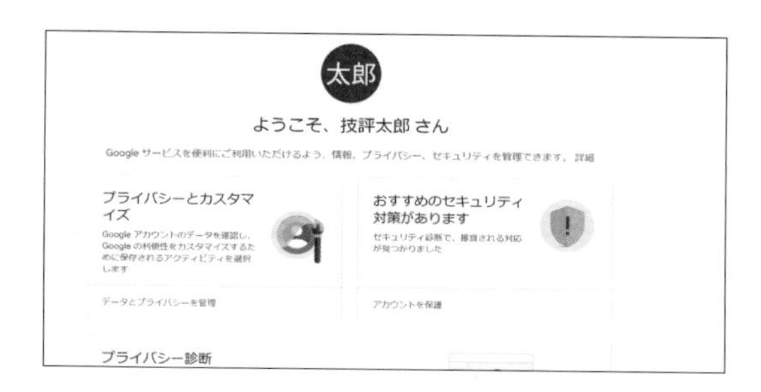

2 ［セキュリティ］をクリックし、［紛失したデバイスを探す］をクリックします。

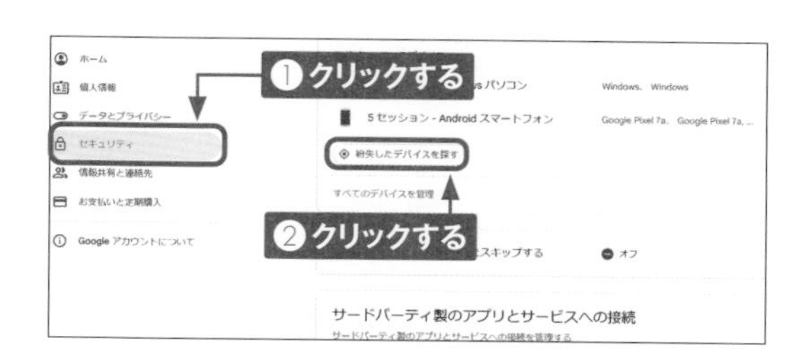

3 紛失したデバイスをクリックします。

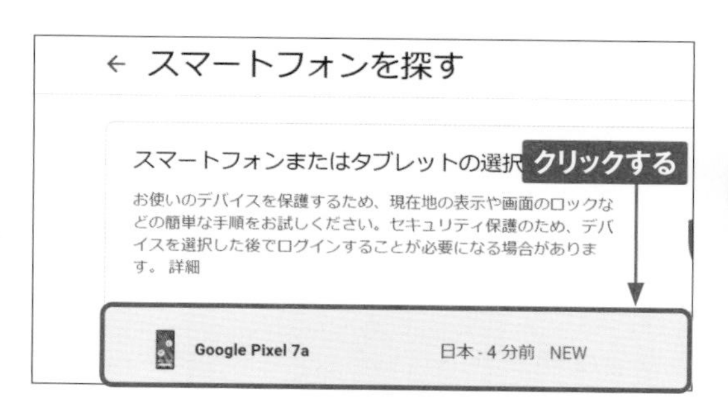

4 地図が表示され、Pixelの現在位置が表示されます。画面左部のメニューから、着信音を鳴らしたり、ロックをかけたり、データを初期化したりすることもできます。

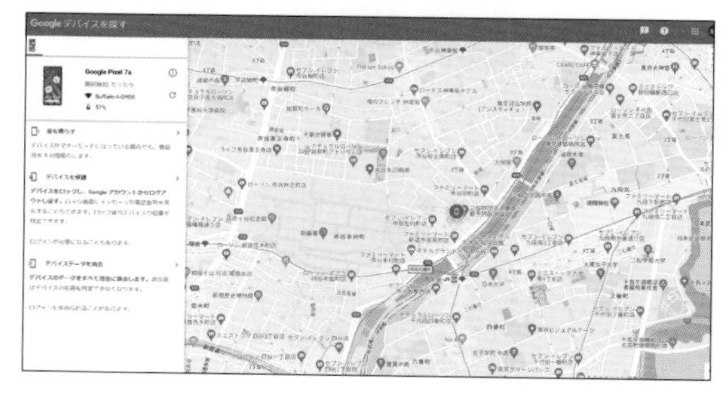

Section 148

「設定」アプリ

Pixelをアップデートする

PixelはOSをアップデート（更新）して、システムを最新の状態にすることができます。アップデートを行う際は、念のため重要なデータをバックアップ（Sec.116参照）しておくと安心です。

1 「設定」アプリを開き、［システム］をタップします。

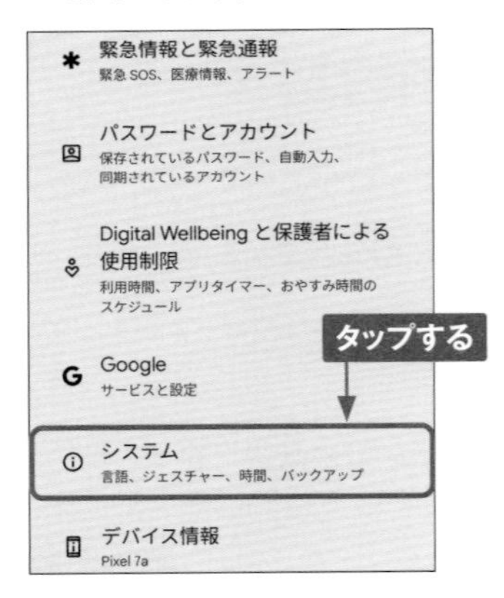

2 ［システムアップデート］をタップします。

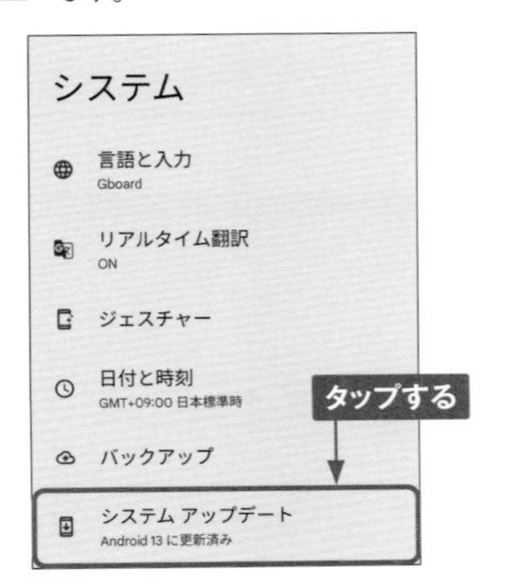

3 ［アップデートをチェック］をタップします。

4 アップデートがある場合は、画面の指示に従ってアップデートします。

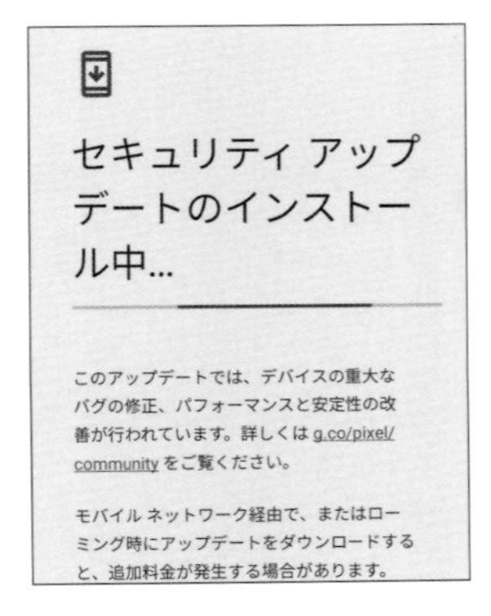

Section 149

Pixelを初期化する

「設定」アプリ

Pixelの動作が不安定だったり、アプリの設定を消去したかったりするときは、Pixelを初期化しましょう。ネットワーク設定のリセットや、アプリの設定のみのリセットを行うこともできます。

1 「設定」アプリを開き、[システム]をタップします。

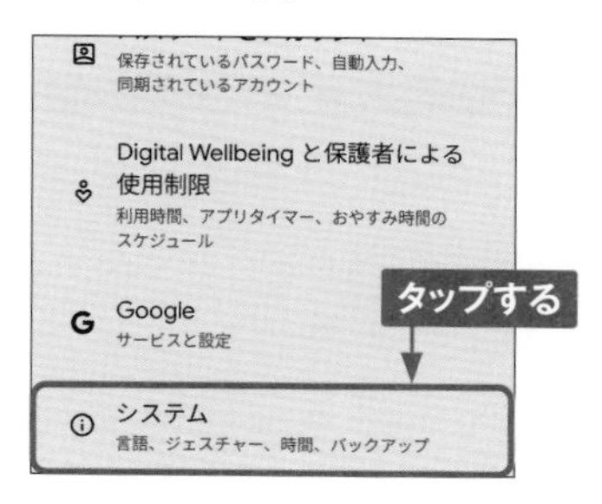

2 [リセットオプション]をタップします。

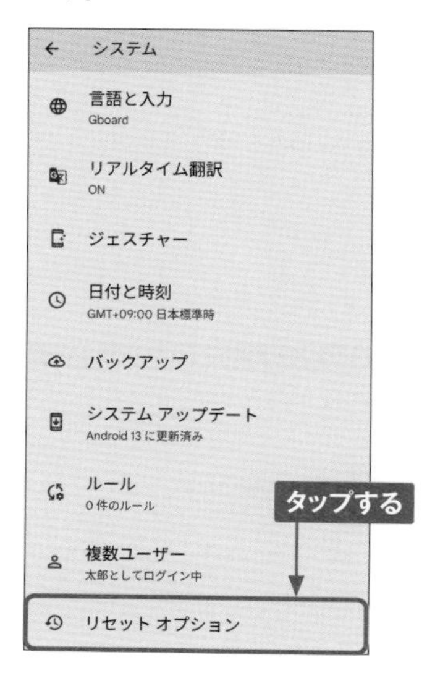

3 [全データを消去(出荷時リセット)]をタップします。

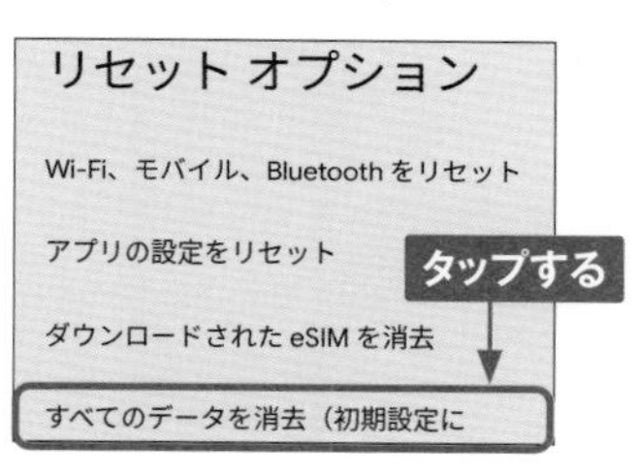

4 [すべてのデータを消去]→[すべてのデータを消去]の順にタップします。

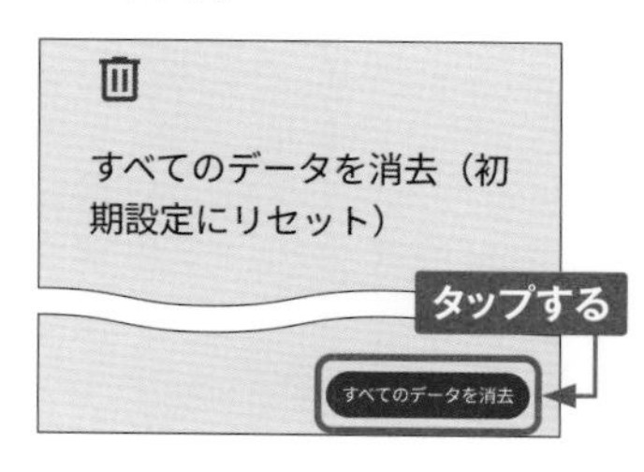

TIPS そのほかのリセット

手順3の画面で[Wi-Fi、モバイル〜]をタップするとネットワーク設定を、[アプリの設定をリセット]をタップするとアプリの設定をリセットできます。

5

索引

数字・アルファベット

あ行

か行

さ行

た・な行

は行

ま・や・ら行

お問い合わせについて

本書に関するご質問については、本書に記載されている内容に関するもののみとさせていただきます。本書の内容と関係のないご質問につきましては、一切お答えできませんので、あらかじめご了承ください。また、電話でのご質問は受け付けておりませんので、必ずFAXか書面にて下記までお送りください。
なお、ご質問の際には、必ず以下の項目を明記していただきますようお願いいたします。

1 お名前
2 返信先の住所またはFAX番号
3 書名
（ゼロからはじめる　Google Pixel 7a　スマートガイド）
4 本書の該当ページ
5 ご使用のソフトウェアのバージョン
6 ご質問内容

なお、お送りいただいたご質問には、できる限り迅速にお答えできるよう努力いたしておりますが、場合によってはお答えするまでに時間がかかることがあります。また、回答の期日をご指定なさっても、ご希望にお応えできるとは限りません。あらかじめご了承くださいますよう、お願いいたします。ご質問の際に記載いただきました個人情報は、回答後速やかに破棄させていただきます。

■ お問い合わせの例

FAX

1 お名前
技術　太郎

2 返信先の住所またはFAX番号
03-XXXX-XXXX

3 書名
ゼロからはじめる
Google Pixel 7a
スマートガイド

4 本書の該当ページ
68ページ

5 ご使用のソフトウェアのバージョン
Android 13

6 ご質問内容
手順3の画面が表示されない

お問い合わせ先

〒162-0846
東京都新宿区市谷左内町21-13
株式会社技術評論社　書籍編集部
「ゼロからはじめる Google Pixel 7a スマートガイド」質問係
FAX番号　03-3513-6167
URL：https://book.gihyo.jp/116

ゼロからはじめる Google Pixel 7a スマートガイド

2023年　8月16日　初版　第1刷発行
2024年　3月27日　初版　第3刷発行

著者……技術評論社編集部（ぎじゅつひょうろんしゃへんしゅうぶ）
発行者……片岡　巌
発行所……株式会社　技術評論社
東京都新宿区市谷左内町21-13
電話……03-3513-6150　販売促進部
03-3513-6160　書籍編集部
装丁……菊池　祐（ライラック）
本文デザイン……リンクアップ
DTP……BUCH+
編集……春原　正彦
製本／印刷……図書印刷株式会社

定価はカバーに表示してあります。
落丁・乱丁がございましたら、弊社販売促進部までお送りください。交換いたします。

ISBN978-4-297-13687-1 C3055
Printed in Japan